导 弹 制 胜 论

主　编　高桂清　赵后随　韩奎侠

编　者　高桂清　赵后随　韩奎侠

　　　　綦海龙　俞坤东　戚振东

　　　　张欧亚　李　芳　高树青

西北工业大学出版社

【内容简介】 本书以信息化战争本质要求为主线,以发挥导弹武器在现代战争中的作战效能为目的,坚持理论研究和实践应用相结合的原则,以导弹制胜的概念为切入点,从总体上论述了导弹制胜的基本内涵、基本作用机理和导弹制胜力量的基本构成;重点围绕导弹攻击、导弹防御、导弹威慑三种导弹作战样式展开了系统论述。

本书既有较为系统的理论阐述,又有典型的导弹武器知识介绍和典型的导弹作战战例分析。本书可作为初级指挥任职培训教材,也可供相关军事理论工作者、广大军事爱好者和从事军事理论研究者参考。

图书在版编目(CIP)数据

导弹制胜论/高桂清,赵后随,韩奎侠主编. —西安:西北工业大学出版社,2012.4
ISBN 978 - 7 - 5612 - 3337 - 5

Ⅰ.①导… Ⅱ.①高…②赵…③韩… Ⅲ.①导弹—作用—现代化战争—研究
Ⅳ.①TJ76②E0

中国版本图书馆 CIP 数据核字(2012)第 058647 号

出版发行:西北工业大学出版社
通信地址:西安市友谊西路 127 号   邮编:710072
电   话:(029)88493844   88491757
网   址:www.nwpup.com
印 刷 者:陕西天元印务有限责任公司
开   本:787 mm×1 092 mm   1/16
印   张:7
字   数:165 千字
版   次:2012 年 4 月第 1 版   2012 年 4 月第 1 次印刷
定   价:18.00 元

前　言

自第二次世界大战末期导弹问世以来，导弹战已成为现代作战的重要样式。尤其是进入21世纪的近几场局部战争表明，导弹武器不仅是交战双方的主战武器，也在很大程度上影响和制约战争的进程，甚至成为克敌制胜的主战力量和决胜力量。

目前，为提高作战效能，各国纷纷研制、购买导弹，并迅速为军队装备导弹武器。各种先进技术的大量运用，指挥控制系统的进一步完备，导弹发射平台的性能进一步提高，为导弹战提供了良好条件。导弹战理论正逐步成为当今先进作战理论的重要组成部分。

相对于传统的空军制胜、海军制胜以及坦克制胜等理论，我们引入导弹制胜的概念，主要基于导弹作为现代战争中重要武器自身的使用效能。尽管导弹武器并不是、也不可能是决定战争胜负的唯一重要因素，其本身也还受到多种条件的制约。但是导弹武器的发展和竞争，以及在作战方面的应用将会更加普遍和更加激烈。这是因为导弹武器用于战争中，它具有武器种类多、投射距离远、火力覆盖范围广、打击精度高、破坏威力大等显著特点，打击的目标涵盖了陆、海、空、天等作战领域的诸多目标，作战效能日益显著。因此导弹武器在现代战争中必将发挥越来越大的作用。

这本书是导弹作战理论与实践紧密结合的产物。本书基于对未来战争的判断，尤其是结合被广泛认可的联合作战中导弹武器运用的实际，初次界定了"导弹制胜"理论的概念，并赋予了其理论上的内涵和外延，对导弹制胜机理作了较为系统的理论阐释，对导弹攻击、导弹防御、导弹威慑等作战行动进行了深入的分析和探讨。全书内容既有深入浅出的理论阐述，又有脍炙人口的战争实例，实例反映理论，理论融入实例，有助于引起读者兴趣。

值得提醒广大读者注意的是：我们这里谈导弹制胜，绝不能陷入唯武器制胜论的误区，任何战争的胜利，都是综合因素共同作用的结果。虽然导弹武器在现代战争中可能首先使用，成为一种重要的攻击和决胜力量，但战争的胜负是由科学技术、武器装备、军事理论和人等多种因素共同作用来决定的。应当看到，今天的战场，陆海空天电磁联成一体，任何一种武器，任何一个军兵种，都不可能单独取胜，只有各军兵种密切配合，各种武器装备功能充分发挥，取长补短，形成整体效应，才会形成更大的战斗力。

在本书编写过程中参阅了大量文献资料，在此谨向文献作者表示衷心的感谢。尽管笔者对书中的观点一再推敲，但难免有不妥之处，敬请广大读者、同行批评指正。

编　者

2012 年 2 月

目　　录

第一章　制胜之道——导弹制胜机理

导弹制胜机理是当今导弹制胜论的重要组成部分,它主要研究和回答了机械化向信息化转变过程中,人们对争夺战争主动权的基本看法和理性思维。面对信息时代的到来,新的战争形态和样式伴随着军事高尖端技术的应用,武器的作战效能已超出人们的传统认识。面对信息化战争的新特点和规律,人与武器在战争中的地位与作用,有时难以分出伯仲。虽然人是战争胜负的决定性因素,但基于信息系统体系作战能力的发展,具有智能性武器系统作战效能已经超出传统思维模式。由此,导弹制胜机理就是揭示导弹制胜论这一新理论作用的基本原理。

第一节　导弹制胜机理的基本描述

机理是指事物发展基本要素间的相互作用并按照事物本身客观规律有机的变化。导弹制胜的机理自然也有它本身固有的要素、相互作用及规律来构成自身框架。既然是机理就应该有其体系、规律、要素、条件和基本方法等,而这些恰恰是表述导弹制胜事物本身内核,也是成为人们认识新理论的关键所在。制胜机理主要反映了当今信息化战争中双方采用以导弹为先的硬杀伤作战形式,它是以破坏对方整体作战体系为突破口,为争夺战争的有利态势并取得最后胜利进行军事斗争对抗行为的基本原理。

导弹制胜机理通常应尽可能准确地描述三个基本问题:一是导弹制胜体系,二是导弹制胜基本规律,三是导弹制胜基本法则。

一、导弹制胜体系

信息化进程推动军事组织结构和作战理念发生重大变化。马克思指出:"随着新作战工具即射击火器的发明,军队的整个内部组织就必然改变了,各个人借助以组成军队并能作为军队行动的那些关系就改变了,各个军队相互间的关系也发生了变化。"当前,信息化战争的发展推动了新生的作战理念产生,特别是导弹制胜基本理论已成为重要的作战理论。一是大规模联合作战形成过程中,凸显战斗力大的提升,以各种导弹武器作战为突击样式更加明显。二是调整作战力量过程中,各国都在增加高技术兵器的使用,尤其是导弹精确制导武器装备更加突出。三是突显天、空、海、地、电多维作战环境的新观念,导弹部队、信息战部队、军事航天力量等成为作战力量建设新的重点。

(一)导弹制胜体系的层次

体系是具有层次性的。导弹制胜论是一个综合性的制胜体系,导弹作战力量是其中的一大体系,每个军兵种导弹部队都是一个体系,一个导弹火力作战集群或一个作战单元也是一个体系。体系化的扩展性要求体系应按照模块化进行设计。这样可以按照作战的规模和任务,对体系进行任意拼接、扩展和重组,使体系设计具有灵活性。

导弹制胜体系框架可分为三个层次:核导弹战略体系的宏观层次、常规导弹作战战役体系中观层次、常规导弹作战战术微观层次(见图1.1)。

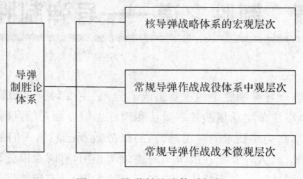

图 1.1　导弹制胜论体系框架

1.核导弹战略体系的宏观层次

核导弹战略体系包含着两层含义,一个是核导弹威慑,另一个是核导弹打击。当前核导弹战略威慑是军事战略基石,而军事战略直接为国家利益服务,并通过核导弹武装力量的准备与运用,保障国家安全和发展,也是常规作战的重要砝码,更是制胜的重要力量。2002年1月,美国提出了新的《核态势评估报告》。在这份报告中,美国确立了新的"三位一体"核战略基础。即美国的核力量基础由原来的洲际弹道导弹、重型轰炸机和潜艇发射导弹组成的"三位一体"转变为由常规与核进攻性战略打击力量、主动与被动防御系统及反应迅速的基础设施组成的新"三位一体"。新时期美国虽没有直接提出大力发展核导弹武器,但原有的核导弹武器足以构成对任何国家强大的核威慑,大力发展反导系统并单方撕毁《反导条约》,打破了战略平衡,逼迫其他国家发展突防能力更强的导弹武器,以保持战略平衡点。俄罗斯发展的"白杨"—M单弹头(或多弹头)核导弹武器就是俄罗斯制约北约东扩战略平衡的砝码。

2.常规导弹作战战役体系中观层次

伊拉克战争和美英法等国空袭利比亚军事行动证明,导弹已成为直接达成战役目的的重要手段。人类在走向信息化战争过程中,不同国家、地区和人群之间,对导弹武器在战场当中的应用所产生的效应,推动了人们对导弹武器战役层面作战的新认识,特别是创新军事理论的进程中,从而造成了"导弹制胜推崇者和导弹制胜武器论博弈者之间的鸿沟"。这种观念的差别主要表现于战争观的传统认识和面对现实军事对抗制胜的全面理解。因此,导弹制胜的战役体系中观层次是联系两者的桥梁。而导弹制胜的战役体系层次取决于战略的指导,尤其以导弹作战为手段攻击方式,往往是战术上的整体攻击获得战略优势,实现战役层面作战任务,所达到的目的具有战略性。在进行军队信息化发展战略设计的同时,作为主要战役打击力量的导弹武器装备,首要的是不断提高武器性能,使之更能适合信息化战争作战的需要,强化打赢未来战争的各军兵种导弹的作战能力。在导弹武器发展战略的指导下,有关高尖端导弹技术的应用和导弹武器系统中的体系作战能力建设,就要考虑纵向和横向的联系,运用大系统思想和大系统方法进行设计。

3.常规导弹作战战术微观层次

信息化条件下,应构建战术联合作战层面的导弹作战力量体系,为体系对抗提供力量基础。实现各作战平台、作战要素、作战系统、作战单元等实体的高度融合,形成诸军兵种导弹作战整体联动,从而打破妨碍信息高速流动、实时共享和资源优势,使各军兵种导弹作战力量相互之间的感知、指挥控制和机动、打击、防护、保障等系统融为一体,各个作战单元、各类导弹武器系统实现互通互联,形成整体对抗各不相同的战术作战力量,在信息化条件下的大规模联合作战中,能够按照"部署分散、效能聚合"的理念,实时实现不同空间导弹作战力量单元,构成力量衔接与效能聚合,形成战术层面的体系对抗。

(二)导弹制胜体系的结构

导弹制胜体系的结构主要包括导弹作战力量结构、作战体系结构、指挥体系结构三个部分。导弹作战力量结构是导弹制胜体系的组成基础,作战体系结构决定导弹制胜体系的运行机制,指挥体系结构是导弹制胜体系的有效运行关键(见图1.2)。

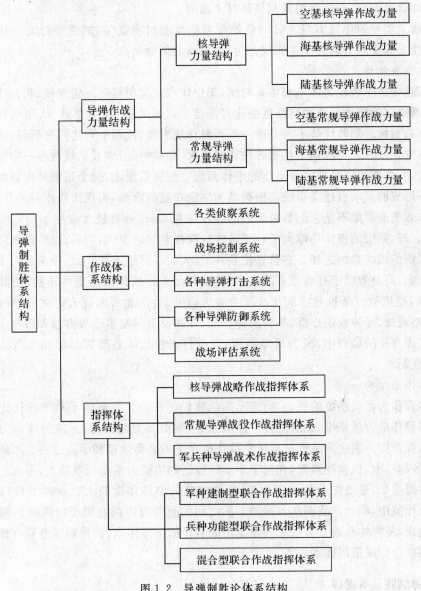

图1.2　导弹制胜论体系结构

1. 导弹作战力量结构

信息作战、精确打击、联合作战、非接触作战已成为以导弹打击为主要手段的信息化战争的主要样式,导弹制胜体系对抗更加明显。在加强军队信息化建设和发展信息化武器装备、提高作战效能的同时,应适度改良导弹武器系统信息化含量,特别是向小型化、模块化、一体化、多功能化方向发展,提高导弹作战力量快速反应、快速机动,以及综合大集合战场生存能力。

(1)提高导弹武器系统信息获取、传输、处理和对抗能力。加强预警、侦察、通信、电子对抗辐射能力,逐步提升导弹武器系统体系对抗作战力量。

(2)突出快速打击能力。采取"按能力编组、按需要联合"的方式,缩小基本作战单位,提高力量融合信息技术含量,实现横向各种导弹作战力量联合,纵向导弹火力集成,增强快速反应、远程打击、综合毁伤、联合作战力量和精确打击能力。

(3)发展新型导弹作战力量。针对日趋激烈的太空对抗竞争,加强导弹太空作战力量建设,适时组建导弹反航空航天导弹作战力量,抢占新的制胜制高点。

2. 作战体系结构

未来信息化战争表现为体系与体系对抗,集中体现在运用具有一定规模、相互作用的行动实体,依托网络化的信息系统和高强度快速打击技术武器装备,在信息域、认知域和精确打击域进行的体系对抗。制胜优势不再是单一军兵种作战力量、武器平台之间进行线式作战,而是以非线性的样式呈现。作战体系是指各种作战要素、作战单元、作战系统按照一定结构进行组织联结起来,并按照相应机理实施运作的整体系统。按照系统论,这个系统是在各种子系统的相互作用下形成的复杂自适应系统。根据结构决定功能的原理,构成作战体系的各单元、要素对体系整体效能的贡献不是它们各自能力的线性加和,而是具有放大或缩小功能的非线性作用,即结构合理,系统的整体功能大于各子系统的线性叠加之和;结构不合理,系统的整体功能小于各子系统的线性叠加之和。在信息化条件下,人们不再注重把歼敌、俘虏敌人多少作为制胜的主要标志,而是着眼于打破敌方战略部署、破坏敌人作战体系的整体结构,使其主要功能迟滞或瘫痪,造成敌方抵抗意志和作战能力丧失,达到兵不血刃而屈人之兵或小战屈兵。因此,导弹战略威慑、导弹攻击作战、导弹防御作战、导弹反卫等基本作战方法和各种不同类型导弹作战样式现身于战场当中,成为战略制衡、重点打击作战体系要害目标和节点的方式与手段,最终实现制胜。

3. 指挥体系结构

指挥体系作为作战系统的核心,历来是军队建设的核心。指挥体系对于现代化程度已经很高的多军种作战力量来说,无疑是统一作战意志,集中兵力与火力,形成整体合力打击敌人的实体。加强指挥体系建设是提高部队总体作战水平的必要途径和手段之一。军队使用的武器越多,战场越广大,机动越频繁,在战争中实施控制和协调的难度也就越大,军队的组织指挥也就越发显得重要,建设先进的指挥体系、提高军队的整体作战能力也就越发显得非常必要了。在联合作战中,联合作战部队各军种部队之间的凝聚与协调有赖于指挥体系的系统性增强。概括地讲,指挥体系通常分为军种建制型联合作战指挥体系、兵种功能型联合作战指挥体系和混合型联合作战指挥体系。

二、导弹制胜基本规律

导弹制胜基本规律是由导弹威慑与作战自身基本特点所决定的。导弹威慑与作战和其他作战样式相比,自然有其自身发展的基本规律。

（一）必须服从国家战略和军事战略利益的需要

战争作为政治特殊手段的继续,是政治斗争走向极端对抗的激烈反映。国家战略和军事战略都是国家安全和一定的政治目的最高策略,在实现重大战略意图之时必须有符合当前军事斗争的理念来支撑,因此导弹制胜的基本理念要适应信息时代的发展与变化。随着军事高科技的发展与应用,导弹武器性能的提高不断地强化了未来战争夺权的新观念,对战争的控制能力也不断增强。导弹制胜是人类社会在军事领域激烈斗争的必然结果。国家战略和军事战略利益伴随着军事行为的"显对抗"和军事理论发展的"潜对抗"变化而实现,由此引发争夺战场优势基本理念不断推陈出新,无论制空权、制海权、制天权、制信息权等,其基本的作战优势必须体现在有效地制约和打击对方体系作战能力方面,显然导弹武器作战能力是当今争夺各权最优的手段之一。

（二）必须有国家综合实力作保障

经济是战争的基础。任何战争都是建立在一定的经济基础之上的,离开经济基础支持的战争是不可想象的,也是不可能取胜的。在争夺制胜权的过程中导弹制胜尤为突出。争夺制胜权的战争是高投入、高消耗的战争,无论核导弹武器还是反导导弹以及其他战役战术导弹,都因其导弹武器系统装备昂贵而备受人们关注。例如,美国的常规导弹"三军通用防区外攻击陆军型"巡航弹,截至 1993 年实际研制经费耗资 154 亿美元,仍然没有达到预期目标。如此巨大的资金投入和消耗,如果没有强大的经济实力做后盾,导弹制胜简直无从谈起。因此导弹制胜更加依赖于国家的综合经济实力和综合保障能力。导弹制胜作战的武器装备系统是一个复杂庞大的系统,任何导弹技术构成和内部结构都是极其复杂的。这一特点对导弹制胜武器装备的技术保障提出了更高的要求。如今陆、海、空的导弹武器装备与以往的其他武器装备相比,其零部件数量及其构造要复杂得多,维护保养设备也庞大复杂且费用高,除此之外,还有配套的一系列导弹保障装备也是多而复杂,系统化构成也是庞大且要求高。可以说,从投入、研制、列装到运用等环节,应有极强的综合保障实力做后盾。

（三）遵循联合作战基本原则

联合作战是未来作战的发展趋势,其基本原则是联合作战原理在联合作战中的具体应用,也是导弹制胜必须遵循的基本规律。

1. 集中指挥、整体作战原则

在未来联合作战中,导弹制胜必须建立具有高度权威的联合作战指挥机构,统一指挥各军兵种导弹作战力量作战行动。整体作战就是充分发挥诸军兵种导弹作战力量的整体威力,把各种导弹作战力量、战场空间、作战时机、作战方法等制胜因素有机地结合起来,同时把敌人的作战体系视为一个整体,充分发挥诸军兵种的导弹作战力量优势,对敌整体结构施以有效的打击和破坏。其基本要求在于要科学组合和综合运用作战力量;要综合利用作战空间,构成一体化的作战体系;要综合运用新的作战样式、战法及高性能导弹武器,充分发挥整体打击效应;要着眼破坏敌人的整体作战体系。

2. 择优力量、重点打击原则

联合作战的主要特征之一,就是参战的各军兵种之间既要保持相对独立、相互平等的关系,又要保持相互配合、相互协作的关系。在联合作战过程中,优化组合显得非常重要。优化组合就是通过科学合理的编组形式,将先进的导弹武器装备和高素质的作战人员组合在一起,形成强大的作战力能力。无论核导弹作战力量还是常规导弹作战力量,都要进行相互配合与协作,并科学地择优使用好各种作战力量,共同完成联合作战任务,达到制胜目的。重点打击主要是强调在作战观念上,要有重心意识和积极主动打击敌人的意识;在作战指导上,要准确地把握作战目标、时机、力量使用等重点,集中精兵力量打击敌人的要害,震慑和瓦解敌军,推动战局向有利于己方的方向发展。坚持重点打击的原则,要运用"缺口"原理作指导,在选择打击目标上下工夫;在联合作战中不同的作战阶段和作战样式,需要把握的打击目标、时机和力量使用的重点是不同的。

3. 积极主动、全维对抗原则

联合作战中积极主动原则主要是指指挥员在作出决策时要积极主动地把握好力量使用问题,在导弹作战力量使用方面要具有优先的主动地位,在把握战局进程方面要有主动性,在夺取各种控制权方面要有绝对把握的主动权,等等。积极主动要靠强大的综合实力,能够以自身的力量优势战胜敌人。同时指挥员要有驾驭全局的能力,能够运用谋略战胜强敌。全维对抗就是在空、地、海、天、电等领域中进行各种体系对抗行为。信息技术兵器的迅猛发展,使得任何目标不论其在前方还是在后方都可能成为被打击的对象。拥有高尖端导弹兵器,可以同时从远、中、近距离上,从水下、地(海)面、空中、太空以各种导弹火力从不同的角度攻击敌人,既可以对"硬目标"实施火力"硬"打击,又可以对"软目标"进行"软杀伤"。因此,应把全维对抗作为一条重要原则。

4. 持续作战、注重进攻原则

持续作战就是指部队必须具备连续持久的作战能力,并通过长期与敌周旋的方法,消磨敌人的意志,消耗敌人的人力、物力和财力,最终战胜敌人。因此,坚持持续作战的原则,利用各种有效方法保存实力,尽量使作战形式扑朔迷离,使战局发展变化难以预测,是以弱制强的一条重要法则。注重进攻是联合作战的一个显著特点,也是联合作战的一条重要原则。美军在其陆、海、空军的作战原则中都强调了进攻的重要性,认为进攻行动或保持主动权是实现明确的共同目标的最有效、最具有决定性的手段。在联合作战中,即使是防御性作战,也十分强调运用灵活有效的进攻性行动来牵制、迷惑敌人,并运用攻击行动消耗瓦解敌人的进攻行动。

(四)遵循核威慑基本理论

核战略就是以威胁使用核力量为手段,实现国家政策和战略目标的科学和艺术。因此,核战略又可称为核威慑战略。它主要包括核威慑的理论和核威慑的运用。其中核威慑理论涵盖了最大限度核威慑理论和最低限度核威慑理论以及有限核威慑理论。

三、导弹制胜基本法则

历史证明:胜者基本上都重视作战原则,而败者(不包括那些纯粹由于人力和物力原因而被击败的)则基本上不重视作战原则(约翰·柯林斯《大战略》)。西方著名军事理论家约米尼指出:尽管战争的手段在不断变化,但战争存在着一些"永恒不变的作战规律","一旦决定进行战争,毫无疑问,就必须按照兵法原理进行战争。"这里所提到的"作战规律""兵法原理",就是指制胜法则。制胜法则是战争指导规律的集中反映和具体体现,是统一与调整军队军事行动的准则,是夺取制胜权必须遵循的规则。

(一)目的明确

制胜目的,就是战争所要达到的预期目标或追求的最终结果。通俗地讲,有什么武器装备,就会衍生出什么样的军事理论新观点,也就有什么样的作战形式。制胜中,制胜目的通常以上级和本级指挥员企图的形式在各种军事行动中体现。目的明确,是指在未来联合作战中,参战各军兵种必须要有一个统一、明确的最基本目的,一切行动都要紧紧地围绕着这一目的来计划组织和有序展开。之所以将"目的明确"作为制胜的首要法则,是因为这一目的对联合作战的组织和实施具有非常直接而重大的影响。

(二)原则统一

制胜原则是制胜理论体系的重要组成部分,是所有作战行动所依据的法则和标准,也是作战中统一与调控部队行动的准则。原则统一是指参战力量要遵循共同的基本原则,按照共同的要求,计划组织作战和指挥控制部队行动。统一的制胜原则,是实施联合制胜的重要基础,其基本原则主要包括:"信息主导""充分准备""集成力量""注重火力""精打要害""突然打击""灵活主动""统一指挥""勇敢顽强""重点保障"等一系列内容。原则的主要内容涉及作战目的、作战准备、目标选择、作战方向确定、作战指挥、作战时机、力量运用、基本战法、作战协同、战斗作风、支援保障等作战问题的方方面面,是处理作战中基本问题的依据和准则。

(三)体系完整

体系完整是指必须按照未来联合作战整体联合、体系对抗、力量均衡的要求,构成作战要素齐、功能全的联合作战体系。信息化条件下的联合作战必须根据作战需求,调集诸军兵种精锐力量,特别是信息化主战武器装备,构成以精兵利器为主体、其他力量相配合的作战力量体系,力求以作战体系的整体效能,在作战全局上形成对敌综合优势。信息化条件下联合作战,任何单一军兵种或武器装备都不可能成为战场的主宰,难以独立完成作战任务,必须要形成一个完整的作战体系才能够与敌对抗。信息网络把各个作战单元、不同的功能系统、不同的作战行动联结成了一个相互支持、相互联动的统一整体,使传统意义上的战略、战役、战术等不同层面的作战要素之间的联系更加紧密。

(四)指挥顺畅

指挥顺畅是指未来联合作战指挥要能够建立统一、稳定的指挥系统,满足对各参战力量实施统一、近实时指挥控制的要求。顺畅高效的作战指挥,是确保联合作战导弹制胜的关键。信息化条件下,联合作战参战力量的多元、战场空间的广阔多维和紧密关联、作战样式和战法的丰富多彩,对联合作战指挥提出了新的更高要求。

(五)方法科学

这里所说的"方法科学"是指导弹制胜联合作战的计划组织工作方法要科学合理。信息化条件下的联合作战,参战力量多元,作战行动多样,战场范围广阔,作战节奏加快,对行动的精确性和时效性要求高,计划组织工作的内容多、时间短、复杂程度显著提高,客观上要求计划组织工作也必须具有高精确性和高时效性。计划组织工作的高精确性,是指在目标选定、任务分配、力量使用、协同组织、行动调控、资源保障等方面都须达到高精准的程度;高时效性,是指能够高效地利用时间因素,以尽可能快的速度,抢在敌人做出反应之前完成对部队的作战指挥活动。

(六)行动快速

行动快速是指在联合作战中,要充分发挥速度优势,以最快的行动,迅速达到作战目的。行动快速,历来是军事家强调的重要军事原则。"兵贵神速"揭示了作战行动的快速性对作战进程和结局的影响关系,历来被视为一条重要的作战规律。导弹制胜行动的快速,是更好地发挥己方制胜效能的需要,也是维持制胜能力的持续性、始终保持进攻锐势的需要。一般来说,导弹制胜要求速制速胜,特别是进攻制胜,持续时间越长,力量消耗就越大,战场补给可能就会不足,制胜持续能力将降低,制胜难以维系,最终影响战局的整体利益。制胜持续时间,是敌对双方实现制胜力量对比转化的一个关键因素,对于交战双方具有不同的甚至完全相反的意义。如对进攻者来说,制胜持续时间要短,甚至越短越有利,速制速胜可使防御之敌丧失由被动向主动转化的时间。历来在进攻中十分强调速战速决,就是这个道理。

第二节　导弹制胜基本原理

描述导弹制胜基本原理,首先要确立构成制胜的基本要素,这是保障导弹制胜的基本动因,只有这样才能准确把握基本预案的来龙去脉。而要确立要素必须明确建立要素的基本依据,这是研究导弹制胜基本规律的思路。其次在掌握导弹制胜基本原理工作动因之后,才能描述导弹制胜基本原理的过程。因此,导弹制胜原理由重点分析依据、要素成分以及基本原理逻辑关系构成。

一、构成要素的基本依据

制胜机理的要素是构成导弹制胜的内核,确立要素的主要依据有下述几点。

(一)对导弹制胜理论客观规律的基本认识

所谓规律,即客观事物之间内在的必然联系。导弹制胜规律客观存在于以导弹武器为作战平台这一事物之中。迄今为止多数人对利用导弹兵器作战过程的规律性认识所形成的共识是:无论是高技术战争还是未来信息化战争,导弹武器都具有其作战的时效性,在某种战场环境当中,它的智能性、精确性、全时空性、全面性、协同性、体系性、应变性、斩首性、隐蔽性、低杀伤性、速决性等特征,都给人们留下了深刻的印象。由此,许多人认为导弹就像坦克、飞机、军舰等武器出现一样,必然带来或推动军事理论的发展,新的制胜理论也因导弹的作战特殊性衍生出"导弹制胜论"。在导弹制胜这一理论的客观规律中,首先,人起了能动谋略性的作用,人是任何时期军事理论推动的最为核心的要素。从古至今的战争史中,人的谋略是各种制胜理论在战争中应用而取得胜利的重要法宝。而今导弹制胜理论中人的要素也不例外,因此,导弹制胜论的客观规律中人的思想观念与认识摆在导弹制胜的首要位置。其次,人的能动智慧性的发挥取决于人们对事物客观存在的正确理解和把握。近几场现代化战争实践经验告诉我们,导弹在战场当中的应用已经展示了它的风采。海湾战争中多国部队和伊拉克都大量使用了带有战场信息化处理功能的精确制导武器,最为引人注目的是各类导弹,如"战斧"巡航导弹、"海法尔"空对地反坦克导弹、"哈姆"空对地导弹、"响尾蛇"空对空导弹等,极大地提高了火力摧毁效果,这些导弹的精度和摧毁效果使得传统作战理念发生变化,也让人们大开眼界。由此,人们热衷于各种导弹的研发和改进,使得这一兵器得到了快速发展,也成为快速打击的武器。再次,人的能动思维性作用在于理性思考事物的本质东西,揭示其发展内在变化的轨迹,让人们把握和驾驭本事物发展的规律,有助于控制和把握时机,从而取得更好的结果。导弹制胜理论的提出,就是让人们借助导弹武器这一平台,充分把握现代战争制胜于对方的基本方法,利用集于一身的高技术兵器,来实现自己的意图。

（二）构成导弹制胜最基本运行的条件

所有事物能够成其基本属性，主要是取决于事物本身最基本内核的组成，这就是基本要素，缺一不可，也是形成事物本身自行运动的基本条件，因此导弹制胜本身也存在着内在的东西。

1.人与武器装备缺一不可

实际在导弹制胜理论中通常把人与武器装备描述为导弹作战力量，也可称为导弹制胜力量要素。力量是作战的物质基础，是战斗力的第一要素。力量编成，就是按照一定的要求把具体不同作战功能的力量组成有机的整体。导弹作战力量应是把各军兵种的导弹作战实体，通过各种不同的方式和手段，在不同的作战层面进行有机的结合，实现整体制胜基本力量。力量编成受军队编制体制、武器装备水平、战场环境、作战样式和作战指导等因素制约。不同条件、不同的作战样式对力量编成有着不同的要求。导弹制胜的最基本的运行条件同样受信息化战争目的与社会发展总目标的制约。

2.导弹制胜理论指导

失去了导弹制胜理论指导就不存在导弹制胜基本运行的过程。理论指导是导弹制胜事物本身发展的正确方向性引导，任何事物在保持自身运动时都有自己的理性方向，要保持自身的性质不改变就必须有正确的理论指导，否则失败。

3.制胜对象

既然是导弹制胜，必然是双方的较量。由此，不同的对象就有不同的导弹制胜手段和方法。比如，对方拥有核导弹武器，在制胜这样的对手的过程中必然需要相应的核导弹武器进行威慑和核打击能力来制约它。制胜对象有着许多不同的特征，当运用导弹作战力量制约或控制各种制胜优势时，就应该根据不同对象的具体特征，采取相应的导弹制胜手段来实现其目的。如一个国家地理位置、经济、人口、文化、政府的性质等，在制胜过程中就要充分考虑这些特征来进行有效的导弹威慑、攻击、防御等，实现制约或降低对方各种能力，达到导弹制胜目的。

（三）导弹制胜实践经验积累

导弹制胜产生于丰富的实战经验。从根本的意义上讲，导弹制胜来自于长期军事斗争中的战争实践，具体表现为实战经验的总结，而经验中则包含人们对导弹制胜客观规律某种程度的认识。理论一旦确立，既指导实践，又受实践（效果）的检验，导弹制胜便在这样的循环中不断修正完善。随着战争形态的不断变化，作战样式和作战手段的发展，人们驾驭导弹作战的能力也逐渐增强。例如"斩首"行动，最初是来自人们的直接经验，后来有远程制导武器，特别是导弹制导武器加上信息技术应用，使得这一作战理念得以实现。要想完成这样的作战任务，往往使用的是各种战役战术导弹，采用硬杀伤或软杀伤手法。现在大规模联合作战理念中的作战体系对抗，就是集各种作战力量于一体，充分发挥整体作战效能，实现"1+1＞2"的作战理念。导弹武器系统已成为作战体系重要的子系统，其中各种发射"平台"是子系统的组成部分，只有将各军兵种导弹武器系统有机联系成作战体系，才能真正达到导弹制胜目的。而作战体系是指按一定的战略、战役目的将人员和武器装备系统通过 C^4ISR 有机联结起来的一个整体系统。因此，导弹制胜也是体系对抗的一种形式。当确立导弹制胜要素时，必须考虑过去的经验和发展的需要，这样才能正确把握导弹制胜理论发展的长远性，也是确立导弹制胜要素的基本依据。

(四)导弹制胜要素的确立要适应未来战争的发展

导弹制胜的理论,总是随着战争实践的发展和战争制胜研究的深化而不断更新变化、日益丰富和多样化。由此,导弹制胜要素的构成中,应纳入新的要素成分。如:信息化作战的基本因素,在信息网络系统的联结和聚合下,侦察探测、信息处理、火力打击、战场机动、攻防行动、指挥控制、支援保障等,形成一个有机的整体,以合力与敌对抗。从局部战争的实践来看,导弹作战体系整体功能的高低,对作战的成败具有重大影响。如伊拉克军队在海湾战争和伊拉克战争中,由于导弹作战体系的整体功能与对手差距悬殊,始终处于不利境地,其各军兵种作战能力的发挥受到了极大的限制。当然,导弹作战力量在通过构建各种作战体系而增强整体作战能力的同时,也暴露出了作战体系结构易遭破坏的特点。特别是信息网络系统的联结和聚合,极大地提高了作战体系的一体化功能,使作战能力倍增,但同时也容易使各种导弹作战实体对信息网络系统形成依赖,一旦遭到破坏,就可能招致灭顶之灾。因此,提高导弹作战体系的整体作战能力必须考虑信息要素成分。

二、导弹制胜的基本要素

导弹制胜的基本要素主要包括军事谋略、制胜力量、制胜环境、制胜对象等4个要素。

(一)军事谋略

军事谋略作为军事对抗中的一种关键模式,按照不同的标准,可以划分出不同的类型,我们这里可以按作战层面、技术层面、思维层面三个标准将导弹制胜谋略作不同的分类。

1. 作战层面

军事谋略作为一门独立的军事学科,它所表征的强己弱敌的模式和战法通用于各种形式的军事对抗。从作战层面划分,可以把导弹制胜谋略分为常规式、利导式、迂回式、冲击式4种类型。

(1)常规式。主体的习惯经验比较充分,这种习惯经验是主体长期从事某一活动所积累的。它在处理某一事件中,谋略过程比较单一,而且是倾向性质的,带有典型的"循规倾向"。也正因为如此,它不适于纵横交叉的搏杀局面。

(2)利导式。这是主体在研究施谋客体的自身动势的基础上,利用其符合主体意愿的发展因素而制定的谋略。

(3)迂回式。这是在分析被作用对象与外部联系条件的基础上,利用外部条件间接地作用于对象的谋略。

(4)冲击式。其特点和迂回式正好相反,它使用正面对抗的、强制的活动方式作用于施谋对象,以期实现谋略目的。其表现常常是用猝不及防的、暴力的、突发的、强硬的、剧烈的手段来达成目标。因此必须对症下药,有的放矢。

2. 技术层面

从技术层面来看,军事谋略则可以分为战略谋略、战役谋略、战术谋略3种。

(1)战略谋略。这是属于全局性的谋略,一般是指关系国家和军队的根本利益的重大谋略决策,是国家元首、高级统帅和涉及战争全局的指挥员要把握的一种谋略类型。

(2)战役谋略。它是受制于全国、全军的全局性谋略,是指战役指挥方面及时正确地定下决心和巧妙地完成上级指定任务的谋略。

(3)战术谋略。它是指战术指挥方面善于组织战斗、克敌制胜的创造性谋划。

3.思维层面

从对抗思维上来讲,军事谋略又可以划分为思维较量谋略、技术抗争谋略、多维对抗谋略和全程控制谋略。

(1)思维较量谋略。思维较量谋略是信息作战指挥员在思维领域的抗争中,通过影响敌方指挥官的认识环节和信念系统,使其做出错误决策,造成有利于我不利于敌的形势的一类谋略。它是以技术与物能为基础和后盾,而又超然于技术与物能之上的谋略对抗方式。

(2)技术抗争谋略。技术抗争谋略是信息作战指挥员利用高科技手段和科学方法运筹,并运用信息网络和信息武器装备实施的一类谋略。在信息时代,由于大量高技术物化于信息作战指挥控制系统,在作战指挥控制的表现形式、达成途径和实现手段中,其技术含量都高于过去时代的各类作战。

(3)多维对抗谋略。多维对抗谋略是指在夺取控制信息权时,同时或相继在陆、海、空、天、电各个空间领域综合运用多种手段与敌对抗的一类谋略。有效地协调和控制各个空间领域的信息作战行动,发挥各个空间领域信息作战力量和装备的整体合力,是夺取优势和主动的重要方面。

(4)全程控制谋略。全程控制谋略是指对导弹作战全过程都发生作用,贯穿作战行动始终的一类谋略。它是侧重于从时间的角度来运筹和运用的谋略。在未来战争中,必须十分重视全程控制谋略。

(二)制胜力量

力量主要是由人与武器装备共同构成的。人作为先决因素,是形成力量的核心内容,人不仅是战争决定因素,也是军事系统最为基本的要素;而武器装备是力量构成的基本物质,是战斗力存在的物质形式,在军事系统中可以把武器装备视为"机器"。"军事人因工程学"是把人、机、环境看成军事系统整体三大要素,人作为军事系统的部件。只有理解了人在军事系统中与其他两个要素之间的相互联系和相互作用,才能正确理解人是战争胜负的决定性因素。

1.人的主观能动作用

在军事行为中,人是有思维活动的主体,能适应各种不同的环境,使军事行为符合人们的意愿。因此人在导弹制胜机理中应是主导作用。无论在过去的"空军制胜论""海军制胜论"中,还是在"坦克制胜论"及"大纵深作战理论"中,人的主导作用往往体现在作战的谋略方面。比如,"空军制胜论"中提出了空军作战力量的构成、作战样式及未来战争的可能面貌等,同时还预测空中战场是决定性战场问题,这些都是站在战略角度谋划了未来空军力量建设的发展问题。朱里奥·杜黑在《制空权》理论"空中作战的组织"中提出:"国家应迅速采取一种明智的航空政策,其基本点如下:一是建立协调的国家监督,促进国内、殖民地、地中海的空中航行的发展,依据的原则是:通向非洲、亚洲,巴尔干半岛和南美洲的国内、殖民地、地中海空中航行应当飘扬意大利旗帜;二是向航空工业提出保护,进行宣传,提供研究和实验经费以促进它的发展;三是在促进空中航行和本国航空工业发展时,要创造条件使它们能够迅速转为战争工具,国家应将一大笔国防经费用于进一步发展和平时期的民用航空。"杜黑的战略思想观点与后来的战争中的作战样式,证明了人在"空军制胜论"中的谋略作用。而导弹制胜中,人的谋略作用可以概括为"不战而屈人之兵"战略思维。导弹武器不但射程远、飞行速度快,而且精度高、威力大,可在几分钟或几十分钟内摧毁数千公里乃至上万公里以外的敌方重要战略目标,使敌方难以忍受,具有极大的震慑,从而"不战而屈人之兵"或对战争的进程和结局将产生重大的影响。

2.人与武器装备的辩证关系

战争的各种制胜因素,在战争过程中集中地表现为人与武器装备两大基本要素,它们对战争胜负都起重要作用,但又是有差别的。毛泽东科学地阐明:武器是战争的重要因素,但不是决定的因素,决定的因素是人而不是物。人和武器这两个基本要素中,人是第一位的、主要的、起支配作用的因素。人是战争活动的主体和能动力量,武器装备是由人制造、改进和掌握使用的。人的觉悟水平、军事素质、文化素质、勇敢精神和聪明智慧,决定着武器装备效能的发挥程度。"在任何战争中,胜利属于谁的问题,归根到底是由那些在战场上流血的群众的情绪决定的。"(《列宁全集》第 31 卷第 117 页)革命战争的历史经验证明,兵民是胜利之本,战争的伟力之最深厚的根源,存在于民众之中。动员了全国民众,不但可以为革命军队奠定赖以生存和发展的基础,而且能够提供弥补武器装备等缺陷的补救条件,提供克服一切战争困难的前提。正义战争特别是以弱对强、以劣势装备对付优势装备敌人的革命战争,必须依靠人民、动员人民、武装人民、加强军民团结,进行人民战争。

(三)制胜环境

制胜环境是指"制者"利用导弹武器在完成具体制胜任务时所处的周围情况和条件的总和。制胜环境主要包括自然环境、人文环境、电磁环境、网络环境等(见图 1.3)。

图 1.3 导弹制胜环境示意图

1.自然环境

自然环境是指指挥员及其指挥机关进行指挥活动时赖以存在的时空条件。自然环境对军队指挥活动具有约束性,是不以人的意志为转移的。对军队指挥有着直接影响的自然环境主要包括地形、水文和气象三个条件。相比较而言,地形条件对陆上作战和陆军行动影响更大,水文条件对海上作战和海军行动影响更大,而气象条件则对空中作战和空军行动影响更大。

(1)地形条件。地形是地貌和地物的总称。不同的地貌和地物的错综结合,可区分为各种不同的地貌和地物的状态,可分为平原、丘陵、山地、高原和盆地;依地物的分布和土壤性质,可分为居民地、水网稻田地、江河与湖泊、山林地。这些地貌和地物特征与作战行动关系密切,既制约着某些行动,也可以为敌我双方所利用。

(2)气象条件。气象是大气中冷、热、干、湿、风、云、雨、雪、霜、雾、雷电等各种物理状态和物理现象。气象条件是影响作战行动和指挥的重要因素,尤其是在陆地、海上、空中等多维空间协同作战行动中,其作战行动受气象条件的制约更加明显,指挥决策中必须充分考虑到气象因素,努力把气象因素的影响降到最低程度。尽管高技术武器装备对气象条件的适应性越来越强,但未来作战行动的多军种、多维度、全天候的特点,对气象条件产生了更大的依赖性。

(3)水文条件。水文对作战行动有重大影响,尤其是联合行动时,对水文条件的要求更加具体和严格。水文分为陆地水文和海洋水文。对作战指挥影响较大的海洋水文主要有水深、潮汐、海流、潮流和波浪等。水文条件的好坏与兵力机动和武器装备器材性能的发挥等息息相关,只有切实掌握行动地区的水文气象情况及其变化规律,才能积极适应和巧妙利用这些客观条件,在复杂的自然环境中寻找有利战机,在不利的情况下变被动为主动。

2.人文环境

人文是指人类社会的各种文化现象。从指挥的角度看,人文环境主要包括地缘政治、军事谋略、战争历史、民族宗教、国际法律、军事法规和军事文化等内容。人文环境作为导弹制胜作战指挥环境的重要内容,对于指挥者开展指挥活动而言,不但要考虑上级、下级、友邻和本级指挥员及其指挥机关人员的人文素质情况,而且要考虑作战部队广大官兵以及执行任务所在地区的社会情况。所有这些情况都会对作战指挥活动产生影响。高明的指挥员,总是善于化消极因素为积极因素,并进而把这些积极因素真正用到提高军队指挥效能上。任何杰出将帅高超的指挥艺术,都有鲜明的烙印。

3.电磁环境

电磁环境是指在一定的战场空间范围内,对作战指挥活动和作战行动产生影响的电磁活动和电磁现象。随着以信息化为标志的新军事变革的迅猛发展,电子技术在军事领域得到了广泛的运用,作战指挥活动与电磁环境的关系越来越密切,人们对电磁环境及其对部队指挥影响的认识也越来越深刻,几乎任何指挥活动都要伴随着某种电磁现象。信息化条件下,随着信息技术的普及和渗透,电子战已从过去的无线电通信对抗、雷达对抗扩展到指挥、控制、导航以及光电对抗等多个领域,覆盖了整个战场的电磁空间。电磁环境与作战指挥活动的联系已经渗透到情报侦察、信息传输与处理、指挥控制、指挥对抗等各个环节。现代战场上,太空的侦察卫星,空中的电子预警和侦察飞机,地面的各种红外、微波、微光数字设备,海上的电子侦察舰船、声呐侦察干扰设备等,构成了立体的电磁对抗环境。无处不及的电磁环境与指挥通信、指挥控制、信息对抗等密切相关。敌对双方在电磁领域的争夺和对抗,已如同以往争夺制空权、制海权一样,成为制信息权的主要内容——制电磁权,同样成为导弹制胜的主要环境。

4.网络环境

网络环境是指与导弹作战指挥活动相关的计算机系统及其网络共同构成的虚拟空间。它是信息时代作战指挥环境增添的新内容,是虚拟的指挥环境。计算机系统及其网络的迅猛发展,不仅影响和改变着人类的生产方式、工作方式和生活方式,而且也影响和制约着导弹制胜的作战方式和指挥方式。信息时代的导弹作战指挥,越来越多的指挥信息将通过计算机系统及其网络进行搜集、传输、储存和处理。

(四)制胜对象

制胜对象对导弹作战指挥的影响最直接、最具体,也最复杂。整体作战对象和直接交战对象对指挥的影响各有侧重。战术指挥员和指挥机关只需研究直接交战对象对指挥的影响;而对战役层次,特别是具有战略性的战役层次的指挥员和指挥机关而言,不仅要研究直接交战对象的特点,还需要站在战略的高度研究与之对抗的整个作战对象的特点,以便对战争全局进行宏观筹划,提高战役筹划的预见性和针对性。

1. 整体作战对象

整体作战对象对作战指挥的影响主要表现在其作战指导思想和作战原则上。不同国家的地理位置、性质、文化、民族特点等不同,导弹制胜作战指导思想和作战原则不一样,各有特点。比如,苏军作战指导原则强调大纵深,包括大纵深战役布势和大纵深突击两个相互联系的组成部分。其基本思想是在突击集群实施突击的同时,以远距离打击武器、空地快速集群以及导弹各种力量,对敌战役全纵深内的重要目标,从各个方向实施兵力和火力的综合打击,目的是尽快将交战重心导向敌方纵深,从整体上剥夺对方的作战能力。而美军也强调纵深,但它从力量、时间、空间三个方面来保持进攻锐势和防御韧性。力量的纵深与"顶点"密切相关,也就是与进攻方的锐势达到极大值相关。整体作战对象对导弹制胜活动的影响,是通过依据其作战指导思想和作战原则而实施的兵力运用和战法运用来发挥作用的。因此,指挥员及其指挥机关在实施指挥时,对整体作战对象主要的关注点是:平时,根据作战对象的作战指导思想和作战原则,研究敌人兵力使用和战法运用的基本方式;战时,要根据作战对象的作战指导思想和作战原则,预想敌人可能的兵力部署和可能运用的战法。

2. 直接交战对象

直接交战对象对导弹制胜的影响更加直接和具体,主要表现在其作战能力、作战特点和战法运用上。

(1)直接交战对象的作战能力影响导弹作战力量的使用。指挥员在决策时,主要考虑的因素就是主要作战目标线方向上敌方的作战能力,导弹制胜必须保证集中优势导弹作战力量与敌抗衡。

(2)直接交战对象的作战特点影响导弹制胜战法的运用。导弹作战指挥活动的突出特点是谋略上的对抗性。指挥员运用的谋略、战法、制胜方式都是针对制胜对象的特点和其可能采取的作战行动而做出选择的,具有动态性的特点。也就是说,制胜对象改变,导弹制胜一系列军事活动也要改变,根据制胜对象的不同特点,预见可能采取的行动,先敌行动,从而夺取制胜主动权。

(3)对直接交战对象实施重点打击影响导弹作战体系的安全和稳定。信息化条件下,双方都把打击对方的作战体系作为首选打击目标,海湾战争、科索沃战争和伊拉克战争都充分证明了这一点。未来战争中,无论是战略、战役还是战术层次的作战体系,也无论哪个层次的指挥者是处于前方还是处于后方,都将面临作战对象远程导弹火力打击的威胁,作战体系还同时受到"软杀伤"的威胁。因此说,制胜对象的不同决定了导弹制胜的基本方法和作战方式的不同。

三、导弹制胜的基本原理

导弹制胜的基本原理主要揭示了以导弹武器作战为制胜平台,围绕此平台展开了一系列制胜活动过程的规律描述,主要从形成与发展、要素构成与关联、影响与推动等层面进行分析,深层面揭示了制胜过程中影响因素的变化对制胜要素的影响变化,阐明了制胜要素之间的相互关联辩证关系以及要素对制胜方式方法等产生的作用;有了基本的制胜方式方法必然带来相应的制胜手段,由此,导弹制胜基本作用原理也自然浮出了水面。

(一)导弹制胜基本原理结构

导弹制胜基本原理的结构主要包括:影响与制约导弹制胜的影响因素、导弹制胜的基本要素、导弹制胜平台三大作用块。其原理结构图如图1.4所示。

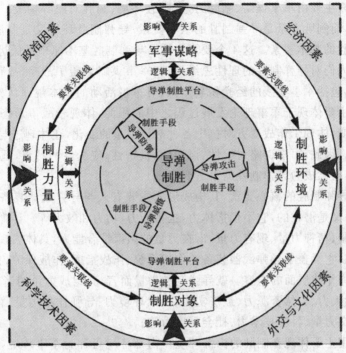

图1.4 导弹制胜原理结构图

1.影响因素作用

导弹制胜的过程中无不渗透着各种影响与制约因素,这些因素从不同层面或多或少地推动或延后了人类社会战争问题。而战争的变化又都体现在双方对抗过程中军事谋略、作战力量、作战环境等诸多作战层面的发展,如政治、经济、科学技术、外交与文化等对作战层面都会产生深层次的影响。

国家战略的制定关系着政治、经济、科学技术、人们的文化生活、外交等问题。而军事战略的发展受国家战略制约,政治、经济、科学技术等诸多方面都与军事战略发生密切联系,在某种程度上讲,指导或牵引着军事战略的发展方向。然而,军事战略的发展与变化又都引发军事谋略、作战力量、作战方式方法、作战理念等发展趋势。由此可见,国家的政治性质决定着军事战略发展方向,又引领作战层面的理论与作战力量等变化趋势。而经济是整个国家发展和军事战略变化的基础,必然是军事力量和作战能力提升的前提。现代科学技术的迅猛发展,尤其新技术革命成果在军事上的广泛应用,使军队的武器装备发生了深刻的变化,不但出现了导弹、核武器,而且涌现了大量高技术常规武器,这将引起战争样式的变化。战争的突然性、残酷性和破坏性空前增强,战争制胜因素所包括的内容更加广泛,各项基本因素之间的联系和作用更加密切,其中经济、科学技术和武器装备的现代化水平,对战争进程与结局所起的巨大作用日益明显地表现出来。人们越来越重视和强调以科学技术为中心,以经济力量为基础,包括政治、外交、社会、军事、国民意志、国家战略等因素在内的综合国力对战争胜负的作用。影响因素制约着导弹制胜论上层建筑的发展方向和趋势,对导弹制胜有着积极的推动作用,在导弹制胜基本原理中构成了制胜活动的条件。

2.基本要素作用

导弹制胜要素主要由军事谋略、制胜力量、制胜环境、制胜对象等构成。其中军事谋略是制胜的首要要素,而制胜力量是导弹制胜的核心要素,导弹制胜环境又是制胜的基本条件,制胜对象是导弹制胜的基本要素。这4个要素保障了导弹制胜基本原理最低运行变量要素。

军事谋略是人们对导弹制胜的理性思维活动,军事谋略涵盖了战略、战役、战术层面的军事活动思维过程,包括军事实践的经验积累知识、对军事活动的基本规律认知、对军事活动未来预测等内容。主要体现于军事理论发展过程之中的积淀,体现于战争形态发展过程中的作战方式方法的改变,体现于作战双方对抗中各种对抗力量的变化,还体现于与其他要素之间相互影响产生结果。因此,军事谋略对抗性、诡诈性、机密性、应变性的特点,适应于导弹制胜发展的需要,军事谋略已成为导弹制胜的第一要素。

制胜力量是导弹制胜的核心要素,其构成形式主要有人与导弹武器装备。力量产生于物质,它既是显见的又是潜在的,它不仅指体力,也指能力、功力和效力等。导弹制胜力量的强弱主要包括物质力量、精神力量、现有力量、潜在力量的国家综合能力,具体表现于导弹作战的战斗力的具体显现。它涵盖了导弹武器装备的作战系统、作战指挥、作战保障、作战一体化、作战手段等一系列导弹作战层面的内容。就导弹制胜力量而言,其组成力量的诸多因子概括为11个层面,具体包括人力、自然资源力、经济实力、自然环境力、导弹作战力量、智慧力量、舆论力量、精神力量、外交力量、科学技术力、社会凝聚力等。

制胜环境作用主要体现在制胜的内部环境。内部环境可称为军事环境,是指军事系统中军人及军队组织周围一切要素的总和。它包括:军事环境的主体对象是军人、军队,以及军人战时、平时赖以生存与发展的各种资源等;用于各种导弹的技术,如导弹飞行控制技术、发射技术、弹头技术、突防技术等;军事法律、政策与伦理、导弹作战保障体系等。因此,通过对军事环境组成因子的加强、集成,从而在充分利用己方有效资源的同时,干扰、欺骗、破坏敌方作战系统以取得己方制胜优势,最终确保己方的胜利。因此,对于导弹制胜内部环境的利用,归根结底要体现在对组成因子的加强与集成上。

(二)导弹制胜基本原理

导弹制胜原理运用了诸多现代科学的基本原理,在诸多军兵种共同进行的联合作战基础上,从理论应用、力量编成、编组、作战行动方式方法等来进行导弹制胜。一是导弹威慑原理,二是导弹攻击原理,三是导弹防御原理。

1.导弹威慑原理

导弹威慑主要是在具有实质性威慑力量基础上进行的。导弹威慑力量包括核导弹和常规导弹部队威慑力量。导弹部队军事威慑力量是军事威慑的主体,其力量的要素构成、力量的层次划分以及力量编成等,都与导弹部队军事威慑的形式相联系,与导弹武器系统的组成相统一。因此,导弹威慑力量的结构主要由核导弹部队、常规导弹部队、信息投送力量、保障力量构成。

(1)双重威慑并举,强调整体配合。导弹部队军事威慑属于双重战略威慑,一是运用新型导弹武器对敌实施常规威慑;二是运用战略核武器针对有核国家核威慑或反核威慑。由于新型导弹射程短、威力小,可对敌实施有效的浅纵深威慑,主要方法有显示实力、演习发射以及向敌方重要政治、军事目标实施有限打击。未来局部战争的主要样式是核威慑条件下的常规作战,常规威慑将同时存在,其作用效果相互补充。双重威慑必须以可靠的实力为基础,适度的兵力规模、性能良好的武器装备、训练有素的威慑人员、跨度合理的指挥体制、有序高效的控制手段、快速准确的情报信息系统等,这些都是实施有效军事威慑的基本条件,只有各种威慑要素有机配合,才能取得军事威慑的最大效能。

(2)核威慑行动与核打击行动界线明确。核威慑行动就是核威慑运用的过程。核威慑运用的本身同时具有威慑与反威慑双重特性,反威慑就是通过威慑的相互作用,达到遏制对方的目的。反核威慑与核打击是核导弹部队作战运用的不同形式,有其本质的不同。核打击作战是反核威慑运用的延伸,其间有一个界线明确的战与非战的门槛。反核威慑运用的组织方式要比核反击作战的组织方式多样,与核打击作战相比,指挥程序具有较强的灵活性。两者的主要区别主要表现在以下几个方面。

1)作用机制不同。核反击作战是将实力转化为暴力,从而达到征服对方的目的;而反核威慑运用则主要是将实力转化为威慑信息,传递给对方,以遏制对方心理,达到"不战而屈人之兵"的目的。

2)运用的时机不同。威慑运用是和平时期或临战前军事力量的主要运用形式,而核打击作战则是战时军事力量运用的主要形式。

3)运用的手段不同。反核威慑除运用作战力量进行示形造势外,更多地与政治、经济、外交等手段配合进行;而核打击作战主要是作战力量的直接运用。

4)目的不同。反核威慑的目的是遏制核战争爆发或常规战争的升级;而核打击作战的目的是遏制核战争的升级并最终赢得核打击作战的主动。

2.导弹攻击原理

导弹攻击原理主要是指以各种导弹作战力量通过各种不同机理集成作战整体,实现制胜功能耦合,充分发挥各种潜能,达到制胜目的的过程。

整体大于部分之和原理,被形象地表示为"1+1>2原理"。这一理论是近代系统论的一个基本原理,是指在一个由各个分系统组成的完整的有机体系中,整体系统并非是各个分系统的简单叠加,其所产生的功效大于各个分系统的功效之和。如美军的"空地一体"作战理论,十分重视在联合作战中首先攻击敌方的空军基地,而主要手段则主张使用具有较大射程的导弹武器。苏军的作战理论也认为,在未来的联合作战中,运用导弹武器,首先一举使敌方的机场、导弹阵地以及指挥系统等陷于瘫痪。由此可见,在未来的联合作战中,谁的手中掌握了先进的导弹武器并加以科学地运用,谁就能够把握纵深作战的主动权。导弹攻击原理中的攻击力量同样是一种联合制胜力量,既然是联合就必须运用科学的组合方法,把具有不同作战功能的诸军兵种导弹力量有机地聚合到一起,确保作战各种导弹力量的打击能力能够相互衔接、相互补充,形成整体攻击优势,通过基于"信息流"控制"物质流"和"能量流",实现导弹攻击多维一体、作战要素齐全、功能互补的导弹作战攻击整体。

导弹攻击中的结构破坏原理。系统论认为,体系依赖结构,结构决定功能;结构依赖节点,节点一旦被摧毁,体系、结构将会瘫痪。结构破坏原理就是通过集中一定的力量对整个作战体系中的某个关键节点及关键部位,或某个关键系统进行破坏,从而破坏其整体结构,削弱其整体功能,甚至瘫痪整个作战体系,以小的代价换取大的胜利。

(1)着眼体系攻击结构破坏实际是把敌方作战力量视作一个完整的系统,寻找并攻击对方作战系统的关键节点、关键部位,破坏其战斗力生成机制和作战系统运行机制,进而夺取作战的胜利。其运用可区分为部分结构破坏法和系统结构破坏法两种。

（2）正确选择目标。联合作战行动，正确贯彻结构破坏原理的核心是正确地选择作战目标。俗话说，"打蛇打七寸""擒贼先擒王"。按照这一原理，在与敌对抗时，应当抓住敌作战体系网络的关节点及关键部位，通过联合作战行动实施"点穴式"精确打击，旨在由节点的摧毁导致作战系统的整体瘫痪，减少附带杀伤，达成敌方作战体系结构性破坏，待其整体作战能力骤降、体系内部协调混乱，再对其各个作战单元予以逐一歼灭。伊拉克战争中，美军在战略、战役等多个层次实施了结构破坏法作战。如美军对萨达姆及其军政首脑实施了多次"斩首"攻击，旨在一举打掉伊拉克政权抵抗的战略核心。

（3）实施精确打击。结构破坏原理的关键环节是精确打击。从战场体系结构上看，其中指挥中枢、信息武器系统、后勤保障系统及动力系统等节点是重心。攻击这些重心，将产生连锁反应，能够造成敌方作战体系或系统的运行失调，力量结构失衡，整体运转失灵，最终彻底瘫痪敌方整个作战体系。在实施战场结构破坏的行动中，一旦发现敌人的作战重心，就应对其实施"点穴式"的精确打击。精确打击依靠投射精度和隐形技术等方面所具有的优势，常采用精确的空中投射、全方位的远距离攻击和全程的信息打压等手段。

3.导弹防御原理

导弹防御原理主要是指以导弹武器为基础，运用导弹进行拦截空中目标的狭义基本原理。通常情况下，导弹防御原理更侧重于导弹防御系统的基本理论。因此，导弹防御原理可以用导弹防御系统的基本原理解读。2005年以后，NMD与TMD系统的称谓逐渐淡出美国的官方文件，而统一代之以导弹防御系统。由此导弹防御系统基本原理就是早期预警发现空袭目标，通过DPS（预警卫星）或SBIRS（天基红外雷达系统）探测弹道导弹助推器的尾焰，通过空中方式利用雷达等技术探测相应的空中目标，并跟踪目标、信息传输、信息处理等，然后进行拦截决策。拦截决策主要是根据预警探测信息制定作战管理规划，包括确定拦截方式、拦截弹的数量，进行约束条件判断，如阳光是否会使EKV的红外导引头致盲、GBI（动能杀伤武器）和EKV（大气层外动能杀伤武器）的有效作用距离等，初步确定GBI的发射方位和时间，为拦截决策提供数据。在此基础上，进行目标识别和威胁判断，如导弹弹头类型的确认和对弹头弹道及落点的精确预报，紧接着进行拦截决策，确定拦截弹的发射时刻和预估计拦截遭遇点。拦截实施阶段，在接到拦截弹发射命令后，拦截弹根据目标信息处理的结果，将拦截器送入拦截空域，实施拦截空中目标。最后实施拦截评估，如果拦截未成功，则决定是否需要再次拦截。

第三节　影响与制约导弹制胜的因素

制胜权是一个十分复杂的斗争领域，其争夺成败与否，受到各种主客观因素的影响与制约。从世界制胜理论发展历史看，影响与制约制胜权斗争的因素较多，主要有政治、经济、科学技术等主要方面的影响，导弹制胜同样也受其主要因素影响与制约，主要有下述几个方面。

一、政治因素

战争是政治的继续，是达成政治目的的特殊手段。导弹制胜斗争作为未来信息化战争的重要内容，同样无法脱离政治为其规定的轨道，始终要受到政治目的的支配与影响。

（一）政治规定着大规模联合作战斗争的目的和性质

在制胜军事理论发展的历史长河中，我们能考察和借鉴政治因素影响制胜论发展比较多。

例如,制海权发展受政治因素制约就能从历史长河中清晰可见。古代地中海沿岸一些国家、城邦进行的制海权斗争,其目的是为争夺地中海的霸权,性质是征服性和侵略性的。16世纪后爆发的欧洲海洋强国在全球范围内进行的制海权斗争,其目的是为殖民主义向海外大肆掠夺和侵略政策服务的,性质是侵略扩张性的。欧洲一些海洋霸权国家为此展开了长达数百年之久的一轮又一轮的制海权争斗。大量的战争事实证明,每一次战争的背后,都有其一定的政治原因。这也说明战争的胜利并不仅仅是军事上的胜利,而是意味着政治上的胜利。20世纪上半叶,人类社会发生了有史以来最为惨烈的两次世界大战,几千万人为此丧生,无数财富化为灰烬。直到今天,人类的战争仍然愈演愈烈。"冷战"结束后,过去的大规模军事对抗失去了基础,但是局部战争的形态却得到了不断的演绎,从一般技术条件下的战争发展为高技术条件下的局部战争,人们对战争形态和作战形式的变化又有了新认识。海湾战争后,人们认识到联合作战是夺取现代局部战争胜利的最有效的作战形式。

(二)政治决定着制胜斗争的方向、范围和程度

导弹制胜斗争是为国家政治外交政策服务的,因此,在什么方向和多大范围内开展制胜斗争,取决于国家政治外交的需要。霸权主义国家为了实现其称霸全球的政治野心,往往大力发展和保持一支实力强大的洲际核导弹进攻性力量,企图夺取和保持全球战略制衡权。一些发展中国家为了确保本国领土和海洋权益的安全和防御他国的入侵,通常都根据本国的国家安全需要和战略方针,建设和发展一支规模有限的防御性的导弹武装力量,其开展制胜斗争的方向和范围通常都是在连接本国的重要陆地及海域和近海。

(三)政治直接影响到夺取和保持制胜的方式、方法

制胜斗争的方式、方法不仅要受到政治的约束,而且必须为国家的政治外交斗争服务。在制胜斗争中,究竟是采取核导弹威慑、导弹攻击的方式还是使用导弹防御的方式来夺取制胜优势,除了要考虑到军事上的需要与可能之外,还必须考虑到该方式是否符合国家政治、外交政策的需要,是否有利于国家政治、外交目标的实现。例如,科索沃战争从1999年3月24日开始,到6月10日结束,历时78天。北约在第一阶段、第二阶段主要打击军事、政治目标未能使南联盟屈服的情况下,从4月5日开始,全面打击南联盟各类目标,最大限度削弱其维持战争的能力。北约调整了作战方针,由针对军队有生力量和军事目标为主,转而针对事关国计民生的重要目标进行战略打击,企图迫使南联盟人民在停水断电、没有广播电视、不能正常通行往来的情况下,对战争丧失信心和减少支持,利用公众舆论逼迫米洛舍维奇让步。这个阶段,持续时间长,轰炸强度大,基本都是一天24小时高强度打击。南联盟在北约连续、强大的打击下,经济、运输、能源、生产、贸易等陷入瘫痪,日常生活受到严重威胁,难民大量流散,政府思想分化,最终被迫接受北约的条件。这次战争中,北约利用各种平台投掷导弹13 000余枚,发射巡航导弹1 300枚,对南联盟40多个城市、496个军用和民用目标及520个战术目标进行了连续、猛烈的轰炸,充分体现了导弹火力的精确运用。

二、经济因素

战争作为一种特殊的社会现象,具有深刻的经济背景,是国家、阶级、政治集团之间一定经济关系的产物,离不开经济条件的制约与影响。恩格斯指出:"军队的全部组织和作战方式以及与之有关的胜负,取决于物质的即经济的条件。国家的综合经济实力不仅对国家的国际地位有着重大影响,而且对国家的军事建设有着举足轻重的影响。导弹制胜是军队实施现代作

战的重要形式,它需要强大的经济实力作后盾,否则一切将成为空谈。

(一)国家的经济实力影响着导弹制胜的规模

导弹作战是诸军兵种共同参加、物资消耗巨大的作战行动,因此,只有具有足够经济实力的国家才有能力实施联合作战。海湾战争中,以美国为首的多国部队实施了 42 天的联合作战,就消耗了 611 亿美元。这样巨大的经济消耗,就连美国这样的超级大国都不能靠自身的经济实力解决,最后还是由其盟国和阿拉伯国家共同承担才得以解决。由此看出,信息化条件下的联合导弹作战,其规模是与国家的经济实力紧密相关的。从这个意义上讲,加快国民经济建设步伐,提高综合国力,是实施联合作战不可或缺的重要条件。

(二)国家的经济实力影响着导弹制胜的进程

国家的经济实力不仅对联合导弹作战的规模有着巨大的影响,而且对联合作战的进程有着巨大的影响。很多人认为,英军在英阿马岛之战中的胜利是靠其灵活的战术和士兵良好的训练素质获得的。但一些专家们却认为,如果阿根廷的经济实力再强一些,能够多储备一些"飞鱼"式导弹,英军的特混舰队将惨败于马尔维纳斯群岛附近的海域。在阿空军击沉数艘英舰,对英军士气造成巨大打击的关键时刻,阿从法国进口的十余枚"飞鱼"式导弹用完了。这使得勇敢的阿军飞行员只能望洋兴叹,眼睁睁地输掉了这场战争。海湾战争如果没有强大的经济支持,美军的联合作战行动也将陷于被动之中。同样对南联盟实施的联合空袭行动,在摧毁南经济实力的同时,自己也付出了巨大的经济代价。否则,这场战争是不会以和谈方式结束的。

(三)国家的经济实力影响着联合导弹制胜的效果

综观制胜军事斗争对于经济的依赖性,首先体现在制胜斗争本身就是社会经济基础发展到一定阶段和社会生产力水平提高到一定程度的产物。早期的制海权斗争之所以出现在地中海沿海、中国沿海等地区,其主要原因在于那里的经济活动发展到一定程度,海上贸易蓬勃兴起和争夺海上交通运输控制权的斗争日益激烈。美国在确保核威慑作用的前提下,逐步缩小核武器规模,结构也发生变化。例如,俄罗斯由于综合国力严重衰退,常规力量大幅度削减,为支撑大国地位,与美国保持低水平战略平衡,遏制北约东扩,非常强调核力量在维护国家安全方面的威慑作用。为此,俄制定了新的核战略,放弃了不首先使用核武器的承诺。根据美俄第二阶段《战略武器削减条约》,到 2003 年,俄罗斯战略核力量将拥有 3 000 枚核弹头,即陆基洲际弹道导弹 200 枚左右,为单弹头;其实际携带核弹头数量在 750～1 250 枚之间;潜射弹道导弹将保持在 1 700～1 750 枚之间,其战略核力量核心将是潜射弹道导弹,使得俄罗斯核战略制衡中产生被动效果。

此外,在导弹制胜斗争中广泛采用的核导弹威慑和导弹攻击与防御等手段与方法,都是着眼于窒息敌方经济命脉和战争潜力的,对战争的胜利往往能产生重大作用。例如,克林顿1994 年 9 月批准的《核态势评审》报告,坚持现行核威慑政策,以核武器作为最后报复的选择,也不放弃首先使用核武器的原则,对大规模削减核武器持谨慎态度,到 2003 年美国部署的战略核武器约为 3 100 件,战术核武器为 1 000 件,即陆基民兵 3 导弹 400～500 枚,均为单弹头;潜射弹道导弹只保留三叉戟 2 导弹 336 枚,共计 1 344 个弹头;共部署 66 架 B—2 H 和 20 架 B—2 轰炸机;核航弹和空射型核巡航导弹总数 1 248 枚;战术核武器有攻击型核潜艇携带的350 枚巡航导弹。加之导弹防御系统建设提升了战略态势。

三、科学技术因素

军事技术进步是一切军事发展的物质基础和第一推动力。一旦技术上的进步用于军事目的，必然要引起作战方式方法的变革。在几千年的战争史中，科学技术进步始终是推动作战力量建设和制胜军事对抗斗争发展的主要因素之一。导弹制胜作战形式与武器装备信息化的发展趋势是并肩而行的孪生兄弟，是现代战争的产物，也是现代科学技术高度发展的产物。现代科学技术在军事上的所作所为，不仅带来了武器装备质量的极大提高，而且带来了军队作战效能的极大提高。因此，认清高技术武器装备在现代战争中的地位作用，是十分重要的。从一定意义上说，制胜军事对抗斗争的历史，也是一部科学技术的发展史。从导弹近程到远程，从单一到多种作战平台，从战术攻击型到战略威慑型等历史演变过程，可以清楚地看到科学技术推动作用的历史轨迹。

(一)要加强高科技导弹兵器的研究，尽快实现导弹武器装备信息化

没有高技术导弹兵器，光有高技术热情，是不可能实现军队信息化建设的。因此，加强军队导弹打击兵器的研制是必然，尤其是导弹兵器的研制方面，特别是要坚持独立自主与引进高尖端导弹技术相结合的原则，多研制一些"撒手锏"。那种跟在别人后面模仿的做法是不可取的，因为别人已经使用过的东西，往往已经不是最先进的东西了，模仿得再好也已经落后了。

(二)要加强部队科学技术知识的普及教育，提高军人的高科技素质

未来战争是信息化条件下的战争，只有全面提高军人的科技素质，才能更好地掌握各种先进的导弹武器装备，从而发挥出高技术导弹兵器的作战效能。否则，即使有了高技术的导弹武器装备，没有懂得高技术武器装备的人员，也是无法制胜拥有高技术兵器强敌的。

(三)要结合部队现实情况搞好军事理论教育，逐渐改变传统思维观念

在形成有效管用的作战能力中，把导弹武器兵器在战场中的突出作用，作为教育的重要突破口，提高导弹武器装备攻击与防御特殊效能认识，掌握导弹制胜的基本理论指导作用。因此，要想在未来信息化条件下的战争中占据主动地位，就必须加强高技术武器装备的研制开发和部分引进。而要做到这一点，必须从实际出发，尽快形成导弹联合作战能力，使拥有高尖端导弹的兵器在战场中发挥奇特效能，制胜于对方。

在新军事技术革命的推动下，人们认识战争的方法也在悄然改变。以往人们都是从历史资料中去发现和寻找指导战争的规律，而现在人们忽然发现，这种方法已经不能适用于信息化战争了。"上一场战争的规律不能用来指导下一场战争"成为当今时代军事领域中的一句名言。信息技术的高速发展，使一些发达国家军队能够在实验室里或在计算机模拟系统上对准备进行的战争进行推演、评估，将各种可能结果都考虑到，设计出最佳行动方案之后，再将行动计划付诸实施。这种指导战争的方法，无疑带来了军事科学上的一系列变革，特别是观念上的重大变革。人们不得不考虑以往的军事理论对现实的指导价值问题，以及军事上需不需要来一次重大变革的问题。美军在伊拉克战争之后提出了 21 世纪新的作战理论——"拉氏理论"新概念，其实质是：充分利用高技术优势，塑造更小规模、更加轻型化和更加具灵活性的战斗部队的"绝对优势打击力量"；强调联合作战，即空中力量、海上力量、地面部队和特种部队等同时进行协同作战，实现速战速决。因此，人们必须重新审视长期形成的军事构想，并且能够意识到军事技术革命的核心是对作战空间的控制，最突出的贡献就是不仅给指挥员提供了准确、实时的战场信息，而且提供了利用信息的手段和物质基础。

四、外交因素

外交政策的制定对任何国家来讲无疑都是最高级别的政治活动之一,外交决策的正确与否直接关系到国家的重大利益,有时甚至是事关生死存亡,所以外交决策的重大意义在此无需赘言。事实上,外交决策是一个复杂的过程,任何一个看似偶然的单一的外交政策的出台,都是很多处于不同层次的因素相互作用的结果。这里要强调两点:一是外交决策不仅是一个概念,也是一个变量或一组变量。西方学者多将外交决策看做是应变量,是影响外交决策的众多因素,即自变量在不同层次上相互作用的结果。特别是在军事斗争中外交尤其显得重要,直接或间接地影响着军事行动问题。如英阿马岛之战争,1982 年 4 月 8 日在英国的敦促下,法国、德国、比利时、荷兰等四国宣布对阿实行武器禁运,导致阿军作战武器装备零备件无法及时补充,特别是使用的导弹数量不多,打一枚少一枚。得不到补充的阿军使得其远程兵器打击能力下降,影响作战效能,未达成战争目的。二是从不同的角度和层次观察分析外交决策的原因与动机,可以得到迥然不同的结论。比如,西方学者曾通过不同的理论框架对 20 世纪 60 年代古巴危机提出了不同的解释。其中以强调战略和地缘政治因素的经典分析模式把抽象的国家作为决策的主体,此种分析模式忽略国内政治对外交决策的影响,国家被看做是一些被滤掉了内部具体差异的"黑匣子",在对外交决策进行分析时,可以不考虑黑匣子内部的情况。故而从战略和地缘政治的角度解释 1962 年苏联在古巴部署导弹的动机,就得到如下的结论:即苏联一是试图弥补其洲际弹道导弹方面与美国的差距,二是要试探美国新领导者的冷战决心,以图在拉美采取进一步的行动。

21 世纪,世界进入了一个最为复杂、充满矛盾的历史时期,其地缘政治状况发展前景极不稳定,极难预料,世界格局的各个体系都可能发生重大变化。在美国带领下,西方国家正着手建立单极世界,确立西方国家霸主地位。科索沃战争、北约新战略使世界各国深刻地感受到了地缘政治的危机和未来战争的嬗变。当前世界地缘政治斗争领域出现了一些新的现象。这些新的斗争方式包括外交斗争、经济斗争、信息斗争、心理斗争、意识形态的斗争等。2004 年,美对外政策继续以反恐和防扩散为核心,但受国内大选政治影响,重在求稳防乱。布什政府下力气推动伊拉克战后重建,稳定伊安全局势,主导组建伊临时政府并向其交权,推动国际社会为伊重建出钱出力,减免伊债务;以八国集团名义推出"大中东改革计划",试图"民主改造大中东";坚持通过多边机制解决朝核问题,参加第二、第三轮北京六方会谈;通过国际原子能机构和法、德、英等国迫使伊朗放弃核计划;宣布实施自朝鲜战争以来最广泛的全球军力部署调整,推进"防扩散安全倡议";较以前重视大国合作,强调跨大西洋联盟的重要性,保持与俄罗斯关系的总体稳定;加大对亚太地区的投入,深化与日、澳等传统盟国的关系,巩固美韩同盟,赋予泰国、巴基斯坦"非北约主要盟国"地位,与印度发展战略伙伴关系。显而易见,美国当前的外交政策更多地关注如何确保和扩大美国在全球的军事存在和前沿部署,如何获得其他国家的军事支援承诺或军事基地,在这一进程中,其外交政策的军事化自然不可避免。

随着外交形式和手段的不断变化,在导弹制胜论发展的进程中,不可否认的是外交因素无时不影响着军事斗争,特别是外交强权策略改变使得外交政策军事化。仅这一点足以说明,当今外交因素不仅仅影响和制约军事斗争改变,而且还把外交因素强化成军事斗争的一把利剑,随时从战略角度制胜于对方。因此,外交的影响因素自始至终贯穿导弹制胜的全过程。

五、文化因素

近几场局部战争表明,要想彻底和真正地战胜对手,深刻理解对方的作战动机、意图、思想和文化背景,往往比单纯地增加军队数量、提高武器质量还重要。文化是重要的软性战斗力,有时甚至比"火力杀伤"更有威力。美军第3步兵师的一位指挥官在接受记者采访时就表示:战斗中知道敌军坦克的位置不太困难,让我们头疼的是不知从哪里冒出来的手持 AK-47 或火箭筒的武装分子。我们有很强的战场感知能力,但缺乏"文化"感知能力。这位指挥官的话一语中的地表明了美军在伊拉克战争中所面临的文化窘境。这也说明,现代战争正在发生着深刻变化,能否更快地适应陌生的、充满不确定性的文化环境,将是影响战争结局的一个重要因素。一般来讲,军事作战能力分硬性战斗力和软性战斗力。前者主要指武器装备的技术先进性;后者包括军人精神品质、部队士气、对作战地域的文化、宗教、民族等知识的了解和把握能力。因此,人类战争中亦有相当部分内容属于文化的范畴,这是不争的事实。就此意义而言,文化对战争的胜负有着重要,有时甚至是决定性影响的现象也就不足为怪了。这也是当初依靠军事技术优势"打下"伊拉克的美军,现在不能再单靠坦克和机枪去对付反美武装以及"控制、管理"伊拉克的原因所在。

伴随着新军事变革的滚滚浪潮,实现军队从机械化向信息化的转型,正成为世界各主要国家军队的奋斗目标。在此期间,武器装备、编制体制等因素的重要性自不待言,而文化同样是一个至关重要的,不可或缺的关键性因素。正如美军强调指出的:"转型是一个持续的过程,不仅要预测未来,而且要创新未来。但是不管怎样,转型都是以文化作为出发点和归宿的。"文化是诸种力量融合的黏合剂。信息化战争中,所有的作战行动都是多军种、多兵种参与的联合作战。这种联合作战正向越来越低的战斗级别延伸:从大规模战略行动,到中等规模的战役行动,到小规模的战术行动,都是联合作战或联合行动的,美军甚至提出了"在行动点上联合"的设想。这种高度的联合作战能力,也是世界各主要国家在推进军队转型时,所追求的一个重要目标,也就是实现力量和行动的一体化。毫无疑问,"文化决定人的行为、人的态度、人的价值观和人的信仰。"因此,要想实现力量和行动上的联合或一体化,通过文化层面上的努力,首先培育出联合的观念和思维,从而改变军队人员的态度和行为,是至关重要的。

总之,文化对作战形成制约,为指挥者提供了基本的设想以及观察和思考的工具,确定了他们的谋划框架。由此可以看出文化影响着军事行动的形式。正是因为文化有这样的作用和价值,目前世界各主要国家军队在推进军队转型时,都很重视文化转型,重视文化对军事其他方面的促进作用,以致有些国家将其摆在比技术进步更重要的位置上。当然,这里所说的文化,是一种适应军事转型并能促进军事转型的文化,是对传统文化的辩证扬弃,是随着实践发展而不断发展和完善的文化。历史已经证明并将继续证明,文化特别是军事文化是支撑作战决策、教育、作战理论、组织、训练及其他诸要素的生命力。一个国家的军事文化可以是推动军事变革的动力,也可以成为阻挡军事变革的障碍。其关键是,要从过去汲取经验教训,保持创新发展。由此可以看出,文化是导弹制胜影响和制约的重要因素之一。不了解军事文化会从战略层面难于制定正确的方略,不懂自身文化就会失去这一强有力的支持力量,就不能充分发挥先进军事文化的功能和作用,影响提高部队官兵的整体素质,降低军队的战斗力。

第二章　制胜之基——导弹制胜力量

导弹自第二次世界大战末期问世以来,经过 60 多年的发展,已从深不可测的神秘武器、少数国家垄断的"尖端"武器,突飞猛进地发展成为多数国家和地区装备的常备武器,发展成为越发灵巧高效、用途广泛、种类繁多的高技术武器。导弹武器的拥有及发达程度,已经成为衡量国家军事实力大小的重要标志。导弹战也已成为现代作战的重要样式。当今世界堪称是"无军不备导",几乎所有国家的军队都程度不同地装备了导弹,大到飞机、军舰,小到单兵都可以携带并发射导弹。现代战场可谓是"无导不成战"。20 世纪 60 年代以来,发生的所有著名的局部战争,交战双方几乎都程度不同地使用了导弹武器,从陆地到海洋,从地面到天空,甚至到外层空间,到处都有导弹的身影。可以肯定地说,现代战争,可能看不见人员,但不会见不到导弹。地区冲突和局部战争的实践已经表明,导弹作为精确制导和远程打击武器的主体,必然成为现代战争中的兵家宠儿,成为各军兵种的理所当然的克敌制胜的主战力量和决胜力量。

导弹"家族"至今大体上发展了四代,可谓"四世同堂"。在 20 世纪 40～50 年代,导弹作为一种神秘武器,只有美国、苏联等少数几个军事大国才有。而到 60 年代,导弹已开始以尖端武器的面貌,在更多国家的武装力量中装备使用,而且在局部战争中已经得到了比较广泛的运用。到 70 年代,导弹已经成为强国军队的常备武器。80 年代中期以来,导弹进入升级换代和技术扩散阶段。据不完全统计,目前世界上能自行设计、制造导弹的国家和地区已增加到 30 多个,公开报道过的各类导弹型号总数已达 800 多种(包括改进型号),除其中大约 300 种已被淘汰或退役外,世界上正在研制、生产和服役的导弹型号还有 500 多种。

为了便于导弹的研究、设计、生产和使用,人们对导弹提出了许多分类方法。按照作战使命和任务性质,可分为战略导弹和战术导弹。按飞行方式和轨迹,可分为弹道导弹、飞航导弹(其中主要以巡航状态飞行的导弹称为巡航导弹)和防空反导导弹。按射程,可分为:近程导弹、中程导弹、远程导弹、洲际导弹。按打击对象,分为反坦克导弹、反舰(潜)导弹、反飞机导弹、反卫星导弹、反雷达(反辐射)导弹和反导弹导弹等。按发射位置,可分为陆基(射)导弹、海基(射)导弹、空基(射)导弹。本章所述"空"的含义包括大气层外的太空(即所谓"天")。按发射点和目标位置,可分为:地对地导弹、舰(潜)对地导弹、地(岸)对舰(潜)导弹、舰(潜)对舰(潜)导弹,地对空导弹、舰对空导弹、空对地导弹、空对舰(潜)导弹,空对空导弹等。本章主要分对地攻击、对海攻击、对空攻击三大类,介绍陆、海、空、电磁四维战场的导弹力量。

第一节　陆战制胜之本——对地攻击导弹力量

对地攻击导弹是导弹这个庞大"家族"中种类和数量最为众多的一支,按照作战用途和飞行方式大致可以分成五大类。

一、战略弹道导弹——战略威慑和战略打击制胜的主体力量

弹道导弹是指在火箭发动机推力作用下按程序飞行,关机后主要以自由抛物体轨迹飞行的导弹。战略弹道导弹是用来攻击战略目标的弹道式导弹。战略目标是对国家生存和战争胜败有重大意义的目标,如政治经济中心、军事和工业基地、交通枢纽、核武器库等。战略导弹通常携带核弹头,射程较远(一般超过 1 000 km),其使用权通常由国家最高当局掌握。现代战争的实践证明:核、生物、化学等大规模杀伤性武器,作为一种重要的威慑手段,有着其他武器都不可替代的作用,而战略弹道导弹是这些武器的主要投掷工具。战略弹道导弹是世界大国的重要武器。其主要作用是对敌实施核威慑,制止敌方发动核攻击或使战争升级,并在威慑失败后进行核打击。其价值在于能快速对敌方造成难以忍受的破坏和杀伤,从而遏制敌方的攻击行动。战略弹道导弹虽未在实战中使用,但它的威慑作用却多有建树。

各国装备的对地攻击战略弹道导弹,按发射位置分为两大类——地地战略弹道导弹和潜地战略弹道导弹。二者分别构成陆基、海基核威慑及核打击力量的主体,而后者隐蔽性和机动性好,生存能力强,突袭性和突防能力强,更被看做是"第二次核打击"的可靠保证和后备力量。潜地弹道导弹武器系统主要包括弹道导弹、潜艇、发射装置、指挥控制通信与情报系统。目前,世界上拥有潜射弹道导弹发射能力的只有美、俄、法、中、英等少数国家。

20 世纪 80 年代中期以来,战略弹道导弹发展进入第四代——大范围更新换代阶段。第四代战略弹道导弹普遍采用先进的惯导、复合制导体制,有的洲际导弹圆概率偏差达百米级,已具备摧毁硬(点)目标能力。代表型号:地对地导弹如美国"和平卫士"(MX)(见图 2.1)、"侏儒"(未装备),俄罗斯的 SS—27"白杨"—M(见图 2.2)。潜对地导弹如美国的"三叉戟"ⅡD—5,俄罗斯的 SS—N—23"轻舟"、SS—N—30"圆锤",法国的 M—51 等。

1986 年底开始服役的四级固体洲际弹道导弹 MX 在美国"民兵"—3 地下井内共部署了50 枚,携带 10 个分导式核子弹头,射程 11 000 km,命中精度为 90～120 m。采用高级惯性参考球平台惯性制导。由于受削减战略武器条约的限制,MX 导弹已于 2005 年 9 月全部解除战备状态,但其仍然是至今装备过的最先进的洲际导弹之一。

图 2.1　美国 MX 导弹及其携带的十枚分导式多弹头

SS—27"白杨"—M 洲际弹道导弹是 21 世纪头 30 年内俄罗斯战略导弹的主体。俄计划用其逐步取代现役的其他 5 种陆基战略导弹。"白杨"—M 导弹有固定地下井发射型和公路机动发射型两种,应用了许多高新技术,包括新型火箭发动机技术、弹头抗核爆技术、弹头机动变轨和复合制导技术等,使导弹突防能力、命中精度大大提高(圆概率偏差 350～110 m)。自 1997 年底以来,"白杨"—M 一边分批装备,一边不断改进。导弹射程 10 500 km,采用三级固体推进剂发动机,惯性＋星光复合制导(机动发射型还采用了在大气层外进行景象匹配的末制导技术)。目前为单弹头,但随时可根据需要改装携带 3～4 个分导式多弹头。据俄称,它是目前世界上性能最优异的洲际导弹。

图 2.2　俄罗斯 SS—27"白杨"—M 陆基机动型洲际弹道导弹

"三叉戟"ⅡD—5 潜地洲际弹道导弹(见图 2.3)是目前世界上性能最先进的、试验成功率最高的潜射弹道导弹,是美国本世纪初海基战略导弹的核心,主要装载于"俄亥俄"级核潜艇,每艘潜艇可装 24 枚。它携带 8 个(后计划改为 4 个)分导式核子弹头,射程 11 000 km,采用惯性＋星光复合制导,命中精度(圆概率偏差)90 m,具备较强的打击导弹发射井、地下指挥所等坚固目标的能力。

图 2.3　美国"三叉戟"ⅡD—5 潜射弹道导弹水下发射和吊装镜头

2010年法国最先进的潜射弹道导弹M—51导弹开始正式装备于"凯旋"级弹道导弹核潜艇(共4艘)。M—51导弹是法国新一代三级固体战略导弹,射程6 000~10 000 km,弹长13 m,弹径2.35 m,发射质量48~50 t,惯性制导,携带6枚$1×10^5$t的小型化热核弹头,采用多种反识别措施以及抗激光加固和抗核加固技术,发射深度达水下40 m,发射系统使用快速双数据处理系统,能以极快的速度完成导弹发射准备。未来20年内,以M—51导弹为主体的海基核力量将成为法国核力量的主体。

目前各国的战略弹道导弹携载清一色的核弹头。但随着加固深埋目标、时间敏感目标、移动目标的威胁日益增大,现役的战略核弹道导弹越来越不能满足作战需要。因此美国等军事强国正在开发具备快速远程精确打击能力的常规战略弹道导弹。美军近年来实施了"快速全球打击"计划,其近期方案和发展重点是给部分"三叉戟"ⅡD—5潜射洲际弹道导弹换装常规弹头,预计2015年前后完成改造并实现部署,要对全球任何地方的目标实施快速袭击,常规洲际导弹将成为美军反应最快的全球作战平台;其中期方案主要是采用"助推—滑翔"式导弹,希望在2018~2024年具备初始作战能力。美空军实施了"从美国大陆运用和发射力量"计划,主要研发"通用航空器"(CAV)和小型发射运载器(SLV)两个部分。CAV是一种无动力的、高超音速滑翔型再入飞行器,射程约5 500 km,命中精度(圆概率偏差)3 m。SLV是一次性的、可快速发射的低成本小型运载火箭。为了实现打击移动或可再定位的目标,要求CAV有完整、实时的情报、监视、侦察数据链,并且使用小型灵巧弹药、广域自动探测目标弹药和钻地弹头等实施非核打击。CAV具有远程快速到达、高速精确投送、大范围区域覆盖、纵横向机动性好等优点。CAV对于不同目标,可采用不同战斗部和不同的末段机动,如图2.4所示。目前,美国致力于加快推进其全球常规快速精确打击体系的构建。从美国的发展战略以及本身的技术实现难度来看,近期主要以常规"三叉戟"ⅡD—5潜射弹道导弹、SLV+CAV、退役洲际弹道导弹+CAV(将"民兵"—3改成弹道—滑翔组合式战略导弹"民兵"—4)为主。美国还计划发展常规型"民兵"—3陆基弹道导弹,携带打击深埋加固目标的钻地弹头。

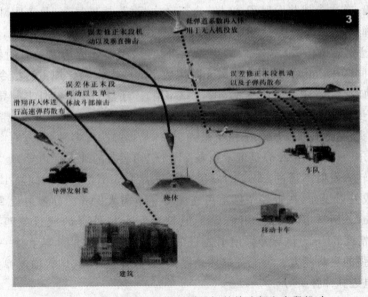

图2.4　通用航空器打击不同目标的战斗部和末段机动

二、战术弹道导弹——战区战场远程快打的"霹雳神"

战术弹道导弹是用于毁伤战术目标的弹道导弹。它通常携带常规战斗部,也可携带特种战斗部或小当量核战斗部。主要用于打击敌方战役战术纵深内的机场、桥梁、港口、码头、雷达站、指挥所、军队集结地、炮兵阵地、导弹阵地、交通枢纽以及飞机、坦克、舰艇等战术目标,直接支援部队作战,或进行独立作战。战术弹道导弹射程从几十千米到几千千米,通常为近程、中程(射程 1 000~5 000 km)弹道导弹。按照美军的解释,射程小于 3 000 km 的弹道导弹属于战术弹道导弹。战术弹道导弹一般从机动发射车上垂直或倾斜发射。同火炮和火箭炮相比,它具有射程远、速度快、命中精度高、杀伤能力强等优点,堪称战区战场首当其冲的快速打击的"拳头火力"。缺乏制空权和制海权的国家,能远距离打击敌方纵深目标的唯一手段,就是使用战术弹道导弹,因而战术弹道导弹特别受到第三世界国家的重视和偏爱。目前世界上已有 34 个国家和地区拥有这种导弹,其中近 20 个国家和地区有生产能力。

1944 年 9 月 8 日,德国首次使用 V—2 导弹——弹道导弹的鼻祖,袭击了英国伦敦,开创了世界上弹道导弹用于实战的先例。20 世纪 70 年代初以来,"飞毛腿"等导弹的多次实战应用,使战术弹道导弹成为抢手货。战术弹道导弹迄今大致发展了 4 代。第三代是 70 年代以后研发的,特点是全部采用固体推进剂、机动性能好、射程和命中精度(近百米)有了明显提高,越野机动能力和作战使用的灵活性得到了显著提高,不仅能用于战区战场支援,还能完成部分战略任务。典型型号有美国的"潘兴"—2,苏联的 SS—21,SS—22,SS—23,法国的"哈德斯"(目前部署在西欧的唯一机动式地地战术核导弹)等。90 年代以后,部署了第四代战术弹道导弹,典型型号有美国的"陆军战术导弹系统"(ATACMS)和俄罗斯的"伊斯坎德尔"—E(又称为"伊斯坎德尔"SS—26),特点是命中精度高(几十米),突防能力强,通用性好。它们是先进战术弹道导弹的代表。

"陆军战术导弹系统"(见图 2.5)是美军现役唯一一种战术弹道导弹。1991 年初因海湾战争需要提前服役,首次参战共发射了 32 发,全部命中目标,战果显著,是美国陆军发射的第一种战术弹道导弹。ATACMS 最大射程 150 km(—1,—2 型)或 300 km(—1A,—2A 型),命中精度(圆概率偏差)50 m。它无需专门的导弹发射架,采用多管火箭系统发射器发射,一车两弹,作战反应时间 3~5 min。采用环形激光陀螺数字捷联惯性制导加雷达指令修正制导系统(—1 型),后又加装 GPS 中制导(—1A,—2,—2A 型)。还计划增加红外末制导,或毫米波/红外末制导,进一步提高命中精度和打击活动目标的能力。ATACMS 可以携带智能反装甲子母弹、反跑道弹头、钻地弹头、地雷、杀伤子母弹、整体高爆弹头等多种弹头。

"伊斯坎德尔"—E(见图 2.6)是俄罗斯在 21 世纪初装备的战术弹道导弹。一车载运和发射两弹,从机动转入发射不超过 16 min,发射准备只需 4 min,两弹发射间隔 1 min,战斗中只需 3 人便可完成发射操作,在野外条件下可连续 3 年不需大保养。导弹射程 280 km(—E 出口型)或 480 km(—M 本国型),采用惯导＋卫星导航＋红外寻的或景象匹配等多种末制导,—E 型命中精度 30 m。该导弹采用了先进的隐身技术,据称是世界上独一无二的战术隐身导弹,具有很强的突防能力。可配备整体杀爆弹、子母弹头、空气燃料增爆弹头、战术钻地弹头和反雷达的电磁脉冲弹头等。

图 2.5　美国"陆军战术导弹系统"　　　图 2.6　俄罗斯"伊斯坎德尔"—E 导弹

　　各国研发装备的战术弹道导弹主要是地对地攻击型,一般从机动发射车上垂直或倾斜发射。此外,还有少数舰对地型,以及中国等国正在发展的反舰型弹道导弹等。例如,为填补 127 mm 舰炮和 BGM—109C 型"战斧"对地攻击导弹之间的火力空隙,美军在 20 上世纪末,在原"标准—2"舰空导弹基础上,通过装配惯导/GPS 复合制导系统并改进战斗部等,还发展了超音速舰对地攻击型"标准"—2 导弹(舰对地战术弹道导弹),以对岸上远征部队提供火力支援。

　　值得一提的是,随着火箭弹(指无制导的火箭武器)的发展,其射程已达到四五百千米以上(如我国的 WS—400 火箭弹等),为提高射击精度,远程火箭弹纷纷加装末制导装置,从而摇身一变晋级为导弹(战术弹道导弹)的行列。这种由制导火箭弹升级成的战术弹道导弹,武器系统结构简单、成本低廉、配置使用灵便,可多联装式齐射或密集发射,使用数量、杀伤范围和效费比都将大大提升。

三、对地攻击巡航导弹——远程精确打击的"游弋长剑"

　　巡航导弹是指依靠喷气发动机的推力和弹翼的气动升力,主要以巡航状态在稠密大气层内飞行的导弹,是飞航式导弹(也称有翼导弹)的一种。简言之,巡航导弹是指主要以巡航状态飞行的有翼导弹。所谓"巡航状态",是指以近似恒速、等高度飞行的状态。在巡航状态下,导弹发动机的推力与阻力平衡,弹翼的升力与重力平衡,单位航程的耗油量最少。

　　狭义地讲,巡航导弹主要是指射程较远(通常 500 km 以上)的以美国"战斧"为代表的现代巡航导弹。我国等部分国家习惯于把航程大于 500 km 的飞航导弹称之为巡航导弹。这里我们采用狭义的概念。目前能够自行研制并已装备现代巡航导弹的国家只有美、俄、中、法、印等少数国家。

　　巡航导弹,按发射平台位置,分为空射型、海射型和陆射型巡航导弹;按作战使命,分为战略巡航导弹和战术巡航导弹;按战斗部装药,分为核巡航导弹、常规巡航导弹。装备战略轰炸机的空射型核巡航导弹,是核大国空基核力量的主要组成部分。而潜(舰)艇发射的核巡航导弹,曾与潜地战略弹道导弹共同构成美国、苏联"第二次核打击"的海基核力量。巡航导弹武器系统通常由巡航导弹、发射系统、任务规划系统、指挥控制通信与侦察探测情报系统、技术支援系统等部分组成。

20世纪80年代,美国和苏联先后装备了第二代巡航导弹,一改第一代"傻大笨粗"的形象,发展为精巧、灵活、兼有战略和战术双重功能的远程精确打击武器。其中,海射巡航导弹如"战斧"系列,空射巡航导弹有美国的AGM—86和苏联的AS—15等。海湾战争以来的几场局部战争,为巡航导弹提供了用武之地。1991—2003年,美国在9次大的军事行动中都让巡航导弹打头阵。由于其在实战中的出色表现,世界出现了一股新的巡航导弹发展热。但现代巡航导弹发展重点几乎都是携带非核战斗部的,侧重精确打击中远程地面战术目标、海上作战和空袭支援等。

(一)地对地巡航导弹

通常采用多功能发射车运载装弹多联装式发射箱进行公路或越野机动,在预定发射区内随机选点发射。典型代表如美国的BGM—109G(见图2.7)和苏联的SSC—X—4型核巡航导弹(见图2.8),以及我国21世纪初装备的长剑—10号陆射常规巡航导弹等。尽管由于《中导条约》的签订,美国、苏联销毁了陆射巡航导弹,但其威慑和作战的效能不容置疑。战时,陆射巡航导弹及其机动发射装备由库存状态转而进行技术准备;任务规划系统根据明确的作战任务,调整攻击计划,规划导弹的飞行航迹;发射分队根据受领的任务装载导弹进入预定发射区,完成航迹装订等发射准备工作;导弹发射后,按预定航迹自主飞行,首先火箭助推器工作,在导弹上升到一定的高度和速度,同时助推器燃料基本耗尽时,助推器脱落,主发动机启动,导弹逐步降低高度转入巡航飞行状态(为了绕过山脉、穿越山谷地褶、躲避防空阵地,通常不是直线飞行),途中进行若干次地形匹配、景象匹配或卫星定位来修正惯导误差并纠正航线偏离,当接近目标上空时,导弹由巡航段转入俯冲,直到命中目标。

图2.7　美国BGM—109G巡航导弹发射车　　　图2.8　苏联SSC—X—4陆射巡航导弹

(二)舰(潜)对地巡航导弹

主要装备海军攻击型潜艇和水面舰艇。其典型代表是美国BGM—109A,C,D"战斧"导弹系列和苏联的SS—N—21等。自1991年海湾战争中首次参战以来,BGM—109C/D"战斧"常规对地攻击型导弹已在实战中使用近3 000枚,创造了世界导弹实战使用的最高纪录,成为远程精确打击武器的典型代表。它"缩短了战略应用到战术打击间的距离,是特混舰队指挥员最为得心应手的武器"。为了增强战术灵活性并降低成本,提高目标探测识别能力和命中精度,美军海军为满足21世纪前20年的作战需求而研制的海射多用途常规攻击型巡航导弹"战术战斧"(即战斧Block4,代号BGM—109E,见图2.9和图2.10)改用了"人在回路中"制导,成为世界上第一种能在飞行中重瞄的"越过地平线"打击导弹。它在飞行中能通过卫星数据链接收任务变更信息,重新瞄准其他备选目标或新确定的目标,导弹可在途中预定区域徘徊飞行,或者间歇上升到一定高度盘旋,等待新的任务分配,然后通过GPS制导飞行新的目标,从而可有效打击时间敏感目标,使远程打击兵器对目标的实时和近实时打击成为可能。此外,"战术战斧"还可将导弹状况信息、目标战斗毁伤迹象图像反馈给指挥控制终端,具备了一定的战场毁伤效果评估功能,使打击同一目标所需的武器数量大大减少。它还将采用基于电视或红外成像导引头的"人在回路中"近实时末制导方式。

图 2.9　美国 BGM—109E"战术战斧"导弹

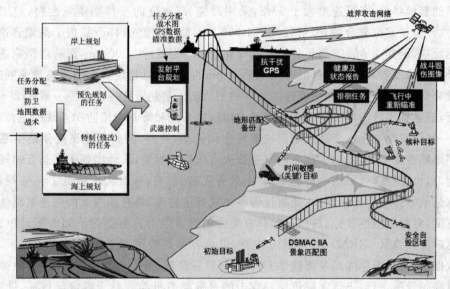

图 2.10　"战术战斧"导弹的作战概念图(早期)

(三)空对地巡航导弹

空对地巡航导弹主要装备于各种战略轰炸机,执行防区外远程对地核或常规打击任务。使用战略轰炸机是大国为其国家战略利益而进行远距离打击和威慑的经济、有效、安全的手段。下一代战略轰炸机可能具有大航程洲际攻击能力、更高的飞行高度、足够大的载弹能力,具备发射巡航导弹和防区外武器的精确打击能力。航程、飞行速度和高度的提高,以及远距离突防的要求,无疑提高了轰炸机对投放的空对地导弹的依赖度,有些任务已非传统的普通空投炸弹乃至精确制导炸弹所能胜任。战略空地导弹和远程战术空地导弹都是巡航导弹。空地巡航导弹现役的多为第三、第四代。第三代于 20 世纪 80 年代初开始装备,典型的有美国 AGM—86 和苏联 AS—15 导弹。第四代于 90 年代初开始装备,具有更好的隐身性能、更高的命中精度和更大的射程(可达 3 000 km),典型的有美国的 AGM—129 先进巡航导弹。在冷战结束后,空射型战略巡航导弹发展规模大大缩减,美、英、俄等国均暂停了新型核巡航导弹的研制,并冻结了已定型型号的生产(只有法国例外,于2009年装备了新型 ASMP—A 空射核巡航导弹,携带 $3×10^5$ t 以上 TNT 当量的核弹头)。空地巡航导弹目前都是低空发射飞行的,未来还将出现高空甚至太空对地攻击巡航导弹。例如,美空军实施的"从美国大陆运用和发射力量"计划的近期研究成果——"通用空天飞行器"(CAV)还可被送入地球低轨道,在空间轨道上待机运行45天以上,需要时再根据指令再入大气层攻击目标。计划到2020年前后,还将装备设计更先进的增强型"通用空天飞行器"(ECAV),它能提供比 CAV 更远的射程(16 700 km)和更大的机动性能。CAV 和 ECAV 可被看成是太空(天)对地巡航导弹。

巡航导弹的一个发展趋势是超音速、高超音速。各国现役中远程巡航导弹以亚音速为主。美、俄、法、德、日、印度等国都把发展超音速、高超音速巡航导弹作为夺取未来军事优势的重要手段之一。2010年5月,美国成功进行了 X—51A 型高超音速巡航导弹(见图2.11)首次飞行试验,最高速度达到了 $6Ma$。预计于2020年前后,美国等国将克服研制高超音速战略巡航导弹所需的高超音速推进、一体设计、结构材料等关键技术,具备初始作战能力。未来高超音速巡航导弹的雏形将是:飞行速度大于 $5Ma$,采用高能、高密度的吸热型碳氢燃料,超燃冲压发动机,惯性+卫星定位复合制导,射程大于 1 000 km,命中精度在 15m 以内。高超音速巡航导弹能快速反应,例如,$8Ma$ 的高超音速巡航导弹 8 min 能飞行 1 200 km,而一般国家的机动部署战略导弹完成发射和升空飞行的时间就要 8 min 左右,这就是说敌方的战略导弹刚升空、发射架还没完全撤离就会遭受高超音速巡航导弹的攻击。高超音速巡航导弹一般在 27~35 km 高空飞行,能够从飞行高度上避开美国地基中段防御系统和海基中段防御系统的拦截,由于空气稀薄,一般防空导弹在这个高度难以快速转弯和机动,另外,高超音速飞行使防空系统对导弹的探测跟踪难度增大,缩短了敌方防空系统火力的拦截时间,从而增强了高超音速巡航导弹的突防能力,也使导弹可采用一种简单的"上升并飞越"航迹,从而大大降低了任务规划时间。高超音速巡航导弹战术灵活性大,能通过各种方式到达目标,具有相当大的轨迹灵活性和极高的撞击速度,对时间敏感目标、加固目标具有很强的打击能力。典型例子如美军设想的"可负担的快速响应导弹"(ARRM),其作战方案是:借助各种预警资源来识别和定位目标,通过卫星通信数据链,向攻击作战司令部提供 GPS 坐标目标位置,继而将其上传给导弹,导弹在战区发射后以高超音速飞行,飞行末段依据要攻击的目标类型机动。对于再定位目标,导弹减速、下降以投放合适的子弹药载荷,在离开区域前攻击目标。高超音速巡航导弹有望成为未来快速打击的首选利器,与常规弹道导弹一起,使常规全球快速打击能力成为现实。

图2.11 美国 X—51A 型高超音速巡航导弹

四、战术空地导弹——蓝天战鹰的撒手锏

空地导弹按其作战使命和性质,可分为战略空地导弹和战术空地导弹。战略空地导弹通常是指空射型核巡航导弹。射程 500 km 以上的远程常规空地导弹也都是巡航导弹,而且兼有战术和战略双重功能,因此我们把战略空地导弹和远程常规空地导弹都视作对地攻击巡航导弹的范畴。战术空地导弹是指从空中发射的用于攻击地面或地下战术目标的导弹。它是现代各类战机的主要攻击武器,通常装配常规战斗部或特种战斗部,主要用于压制、遮断和攻击敌方纵深地域目标。

战术型空地导弹是种类最多、装备数量最大、在实战中应用最广的一种导弹,自 20 世纪 50 年代至今已装备了 70 余种,大致可分为四代。现役大多数为 70 年代初开始发展的第三代,主要有中程型和近程型:第三代近程战术空地导弹射程小于 30 km,典型的有美国的 AGM—65D/E/F/G"小牛"导弹、法国的 AS—30L 等;第三代中程战术空地导弹最大射程大于 60 km,典型的有美国的 AGM—53A、俄罗斯的 X—59 等。第四代战术空地导弹于 90 年代初开始装备,发展为近程和中远程,代表着空地导弹的发展方向,其中近程型重点发展三军通用的近程攻击武器系统(包括布撒器),射程达 40 km,典型的有法国的 AASM、意大利的"空中鲨鱼"、美国的 AGM—130A/B/C 和 AGM—154(JSOW)。第四代中远程战术空地导弹是近年来发展最快的一类空地导弹,射程普遍达 100 km 以上,有的甚至达 200 km 以上,采用新型战斗部、隐身设计和复合制导体制,典型的有法国的 APACHE 系列、英国的"风暴前兆"、美国的 SLAM 系列(包括 AGM—84E、AGM—84ER、远程 SLAM)和 AGM—130E、俄罗斯的 AS—18(X—59M)等。远程战术空地导弹(也是空地巡航导弹)已成为世界各国机载武器的发展重点,旨在增大射程(已达 300~1 500 km),提高作战使用灵活性和突防能力,典型的有俄罗斯的 X—65E、美国的 AGM—86C 等。

空地导弹的末制导一般都采用自寻的制导体制,为了提高对目标的识别能力,还可增加人工捕控装置。以采用红外成像制导的美军"小牛"AGM—65D/F/G 为例,其作战过程是:飞行员利用机载搜索系统和电视显示器搜索目标,一旦发现目标,就控制导引头对准所选目标,锁定目标后发射导弹,然后载机即机动退出,必要时可以连续发射。美军防区外发射"斯拉姆"增强反应型导弹(SLAM—ER,即 AGM—84ER)采用红外成像导引头"人在回路中"制导系统。该导弹可预存数个目标数据,投放前由操纵员选定。载机飞到预定地点发射导弹,GPS/惯导复合中制导系统将导弹导引到红外成像导引头能观察到目标区域的位置。当导弹距目标还剩下 1 min 的航程(约 17 km)时,弹载红外热成像寻的器对准目标,武器操纵员通过数据链获取由导引头摄取并传回的视频图像以识别目标,射手选择好精确瞄准点,导引头锁定目标后便自主引导导弹精确命中目标。目前,波音公司正在为 SLAM—ER 导弹开发自主目标识别(ATR)系统,作为"人在回路中"制导的辅助设施。该系统基于来自卫星或其他传感器平台的储存图像,采用图形匹配算法从红外成像图像上选择一个预定瞄准点。加装这一系统后,导弹将升级为 SLAM—ER＋。如果目标已被摧毁或已移动,数据链允许射手取代自主系统实施人工控制。

海湾战争以来的几场战争中,空地导弹为夺取制空权及其后的纵深打击发挥了重要作用,带动空地作战样式和战术发生了很大变化,主要表现在:

(1)多使用防区外精确制导武器对敌重点目标实施远程打击,以减少己方损失,而不是直

接使用飞机临近空袭。

（2）对地精确打击已成为现代战争空中打击的主要手段，射程远、精度高、攻防对抗能力强的空地导弹已成为各国武器研发的重点。

目前，美俄正竞相发展超音速、大威力、智能化的防区外精确制导空地导弹。高超音速空地导弹在实用化方面取得重大突破，速度为 $6\sim8Ma$、射程 1 200 km 左右的空地导弹已进入研制阶段。可以预见，本世纪内空地导弹仍将会大放异彩。

五、陆军近战用导弹——枪械火炮的升级换代武器

坦克装甲车辆的出现及其广泛运用，标志着现代陆军的初步形成。坦克、步兵战车、各类火炮、地地战术导弹、防空导弹、反坦克导弹、武装直升机、各种保障车辆和新一代自动枪械，构成了现代陆军的钢铁骨骼。而除了运载、防护和作战依托的平台之外，作为火力，主要有三种：枪械、火炮（含火箭弹）和导弹（包括加装制导装置的远程火箭弹）。导弹因其射程远、精度高、速度快、威力大、飞行轨迹灵活多变等优点，也正在陆军近战中占据越来越重要的地位。

（一）反坦克导弹——钢铁堡垒的"克星"

反坦克导弹主要用于击毁坦克和其他装甲目标。相比火炮等其他反坦克武器，它具有射程远（可达数千米）、精度高、威力大、质量轻、使用灵活和机动性强等优点。因此反坦克导弹迅速成长为许多国家反装甲武器队伍中的一支生力军，已成为许多国家攻击坦克等装甲目标的主要手段，此外还可以攻击碉堡、掩体等多种目标。

二战至今研制的反坦克导弹已有四代产品。现役反坦克导弹主要是第二代产品及其改进型和第三代产品。典型的有美国的"陶式""地狱火"，俄罗斯的"螺旋""短号"，英国、法国、德国联合研制的"崔格特"，意大利的"麦夫"，我国的"红箭"等。第三代反坦克导弹于 20 世纪 80 年代先后投入使用，均配用聚能装药战斗部，多数配有双级串联式战斗部以对付爆炸式反应装甲，主要采用激光半主动、激光驾束、激光指令等制导方式，其显著特点是不再需要制导导线，有利于提高导弹飞行速度和减少射手暴露时间，有的甚至具备部分"发射后不管"的能力。1996 年正式列装的美国"标枪"导弹是世界上现役唯一一种第四代产品，代表反坦克导弹技术发展的最新水平。"标枪"导弹采用先进的红外热成像制导方式，具有全天候作战能力和抗电子干扰能力，能实施顶部攻击和正面直接攻击，配用双级串联式战斗部，能够有效攻击包括披挂反应装甲的各种先进的坦克目标。完全"发射后不管"，导弹一旦发射，射手就可立即隐蔽、转移或寻找另外的打击目标。研制中的还有美国"掠夺者"、LOSAT/KEM 直瞄动能和光纤制导反坦克导弹，俄罗斯 AT—14、AT—15 和"赫尔墨斯"反坦克导弹等。

许多国家组成了以直升机为主要装备的陆军航空兵。现代武装直升机被广泛地用于反坦克、火力支援等军事任务。执行相应任务的各种导弹成为现代高性能武装直升机搭载的主要武器。例如，美国 AH—64 直升机的主要武器为 16 枚"海尔法"反坦克导弹＋1 门 30 mm 航炮；联合"虎"直升机的主要武器为 8 枚"霍特"或"特里加特"反坦克导弹，或二者各 4 枚。

（二）小巧灵便的地面战斗导弹

小巧灵便的地面战斗导弹，对于近距作战，特别是军民、敌我混战的城市巷战，特别有利于提高打击效能，降低附带毁伤，并可打击传统枪弹无法完成的任务。2010 年范堡罗航展中，展示了一种宣称地面战斗未来"概念武器"的 CVS101 系统武器（见图 2.12），其概念基于两种导弹。

1."狙击手"导弹

这种导弹长 230 mm,质量为 900 g,射程 1 500 m,速度 450 m/s,通过推力矢量控制飞行方向;制导采用近红外光电寻的器——类似眼睛的系统,在视场中心分辨率很高,在其他地方分辨率较低;工作模式包括发射前锁定、发射后锁定以及旨在迅速打击目标的速射,主要用于打击点目标,阻停车辆、清除房屋;其发射器是一种低后坐力单兵或班组武器,操作类似于 40 mm 榴弹发射器,除单独使用外还可装在步枪上或车上。

2."强制者"导弹

该导弹长 680 mm,直径 80 mm,质量为 4.5 kg,采用质量为 1 kg 的多效用战斗部;配备质量为 3 kg 的"捶击者"发射器,通常采用单兵肩射式,也可固定发射或由车载;直接攻击发射时射程超过 2.5 km,以类似迫击炮的高弹道模式发射时射程超过 5.5km;适合对付点目标和面目标,包括建筑物和无装甲车辆,清理建筑物时依靠其准确性能——从窗户进入而后在房间内引爆;导弹飞行速度较慢,约 200 m/s,但灵活性较高。因此操纵者可以监视攻击情况,使导弹在飞行中重新对准目标,如果有必要的话,也可以指令其放弃任务。

两种导弹配备"观察者"瞄准装置,将武器瞄准器、数据中继器和非瞄准线目标定位器的功能结合在一起,可向使用者显示俯仰和方位信号,使作战人员可以与系统传感器和其他作战单元发现的目标交战。它能够同时跟踪分布范围达 1.5 km 的 500 个目标,并在 3 km 的距离内独立地识别和指明潜在的威胁。

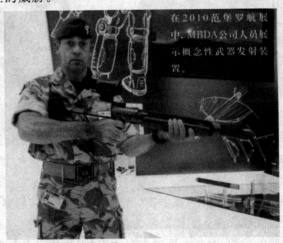

图 2.12　CVS101 系统武器展示

第二节　海战制胜之本——对海攻击导弹力量

在海(含江、河、湖)上战场,主要的火力打击对象是水面舰船和潜艇等海军作战平台。海基导弹力量很多,除了从水面舰和潜艇发射的各类对地攻击导弹(弹道导弹和巡航导弹,视作陆战力量)之外,还有舰(潜)艇及舰载飞机上发射的反舰导弹、反潜导弹,立足于自卫的中低空防空袭的舰空导弹(视作海战力量),海基反弹道导弹和反卫星导弹(分别用于中段高空拦截和太空打击,视作空战力量)等。此外,对海攻击的导弹还有从陆(海岸)上、空军飞机上发射的反舰、反潜导弹。它们一起形成了现代海战制胜的主体火力。本节主要分反舰、反潜、舰空导弹三类,介绍海战制胜力量。

一、反舰导弹——碧海战舰的天敌

反舰导弹是专门用于打击水面舰船的各类导弹的总称,用于攻击大到航母、小到快艇等各类水面舰船。反舰导弹是世界强国当前和今后一定时期反舰的主要武器,也是临海国家对海作战、威慑拒止敌海军(海上反介入)、夺取制海权的主要武器。一枚反舰导弹足可以把中等级别的舰艇甚至把一艘巡洋舰炸沉。例如,英、阿马岛战争中,阿根廷空军使用一枚价格20万美元的"飞鱼"反舰导弹击沉了英军造价为两亿美元的"谢菲尔德"号导弹驱逐舰。现役反舰导弹多为飞航式导弹(远程反舰导弹多为巡航导弹)。美国的"鱼叉"(见图2.13)、"战斧 BGM—109B",俄罗斯的"海难""日炙"(见图2.14)、"宝石",英国的"海鹰",意大利"玛特",我国的"鹰击"部分系列都是反舰导弹。现役反舰导弹基本上都是飞航式导弹,远程反舰导弹多为巡航导弹,射程多为数十到数百千米,速度多为亚音速,少数为超音速。我国等国正在发展的弹道式反舰导弹则是一种速度更快、射程更远、更难防御的新型反舰导弹(反舰弹道导弹)。

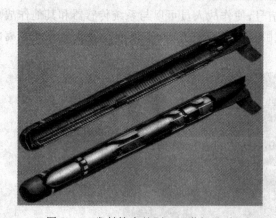 

图 2.13 发射筒中的"鱼叉"潜舰导弹　　　图 2.14 俄罗斯"日炙"反舰导弹

反舰导弹,按发射平台位置,可分为舰射型、潜射型、空射型、陆射型(岸舰导弹)反舰导弹。其中最多的是舰射型——舰舰导弹。下面以其为例,对反舰导弹作一简介。舰舰导弹是从水面舰艇发射攻击水面舰船的导弹,有些也可攻击海上设施、沿岸和岛礁目标,是舰艇主要攻击武器之一。目前,全世界有70多个国家拥有舰舰导弹,它是现代海战兵器中发展速度最快、装舰范围最广的先进攻击性武器,装备了大到航空母舰,小到导弹艇的各级作战舰艇上,同舰炮相比,它的射程远,命中率高,威力大,是海战的主要手段之一。舰舰导弹通常采用惯导、自控加雷达或红外末制导等复合制导方式,携带聚能破甲型、半穿甲型或爆破型战斗部。舰舰导弹与舰艇上的导弹射击控制系统、探测跟踪设备、水平稳定和发射装置等构成舰舰导弹武器系统。舰舰导弹发射时,由固体火箭助推器助飞,爬高升空后,靠主发动机的动力继续飞行。飞行弹道分初始段(发射段)、自控段和自导段。在自控段靠自动驾驶仪(或惯导系统)和无线电高度表控制,按预定弹道飞行,巡航高度为数米至数百米;在自导段有末制导装置和自动驾驶仪(或惯导系统)、无线电高度表控制导向目标。美国"鱼叉"舰舰导弹是迄今装备舰种及数量最多的一型舰舰导弹。据称,该导弹要服役到2015年并出口英国、德国、意大利、日本、加拿大等 22 个国家,装备到 200 多艘水面舰艇上。"鱼叉"问世至今进行过几次重大改装,已形成舰射型、潜射型、空射型等反舰导弹系列,是美海军的基本反舰制导武器。现役远程反舰导弹多数为亚音速的(美国只有亚音速的"战斧"BGM—109B 远程反舰导弹),只有俄罗斯、中国等少数国家研制装备了超音速远程反舰导弹,如俄罗斯的"沙道克"、SS—N—19、SS—N—22 等。反舰导弹正朝着远程、超音速、隐身、高突防等方向发展,速度在 $2Ma$ 以上的超音速导弹可使敌方拦截武器来不及反应,如再配以超低空掠海飞行和末端机动,采用雷达反射截面积(RCS)较低的外形,就可大大降低敌方武器拦截概率,提高突防能力。

二、反潜导弹——海里"捕鲸"的绝杀利器

反潜导弹用于攻击战略导弹核潜艇、攻击型潜艇和为航空母舰编队护航、巡逻用的潜艇等水下目标。反潜导弹按发射平台,分为舰射反潜导弹(舰潜导弹)和潜射反潜导弹(潜潜导弹);按飞行轨迹,分为弹道式和飞航式反潜导弹;按战斗部,分为以自导鱼雷为战斗部的反潜导弹(亦称"火箭助飞鱼雷")、以核深水炸弹为战斗部的反潜导弹(亦即"火箭助飞核深弹")。水面舰艇发射火箭助飞鱼雷的弹道是"空中—水下",空中段多为巡航式,无线电指令制导;潜艇发射火箭助飞鱼雷的弹道是"水下—空中—水下",空中段多为弹道式惯性制导。鱼雷入水后均为声自导。对潜攻击程序是:预先发射的火箭助飞鱼雷装填在鱼雷发射管内或其他发射装置上,在发现目标并测得其运动要素后,射击指挥控制系统将射击诸元自动传输给发射装置和待发的火箭助飞鱼雷;当目标进入其有效射程范围以内时,立即发射,飞抵目标区预定点,自导鱼雷脱离火箭飞行器,打开减速伞,入水时解脱减速伞,入水后按预定程序进行搜索,发现目标后自动跟踪、攻击,直至命中。火箭飞行器携带核装药深水炸弹,即火箭助飞核深弹,是另一种反潜导弹,它不带减速伞,入水下沉至预定深度爆炸,可毁伤位于其威力半径内的潜艇。

随着潜艇的性能不断发展,特别是核动力潜艇的最高航速已经达到 30 kn[①] 以上,用低速鱼雷反潜越发显得力不从心。此外,由于探测距离也越来越远,使用近程鱼雷反潜必然会给反潜兵力带来较大的威胁,而要在远距离上用鱼雷进行反潜,则须大幅度地提高航速和航程,但这并非易事。反潜导弹因其射程远,大部分航程是在空中高速飞行,能迅速将战斗部投放到目标附近,从而提高命中率,给远程反潜带来了新的生机。于是美国、苏联等海军强国纷纷研制反潜导弹,20 世纪 60~70 年代分别装备了第一代反潜导弹。80 年代西方海军大国又开始研制新一代反潜导弹,其中有美国的"垂直发射阿斯洛克",法、意联合研制的"米拉斯",英、澳联合研制的"超级依卡拉"舰射反潜导弹及美国的"海长矛"潜射反潜导弹。新一代反潜导弹的性能有较大的改进,射程分别增大 1~4 倍,空中飞行速度提高了 0.5~1 倍,使用水深范围扩大到 40~1 000 m,弹道式与飞航式相结合,取长补短。

"垂直发射阿斯洛克"反潜导弹是美国于 20 世纪 80 年代研制的弹道式舰射反潜导弹。它能够为美国的水面舰艇提供中程、全天候快速反潜能力。该导弹由头部保护罩、战斗部、弹体框架结构、空中稳定器(降落伞装置)、自动飞行控制器等组成。最大射程 20 km,战斗部为 MK46—5、MK—50 鱼雷或核深水炸弹。采用垂直发射,可全方位攻潜,不受射界影响,在舰上实现"四弹"(舰空、舰舰、对陆及反潜导弹)共架共库。"战斧"式反潜导弹是美国海军反潜导弹中射程最远的巡航导弹,是"战斧"舰舰导弹的派生型,战斗部采用 MK—50 型或 MK—46

---

① 1 kn=1 n mile/h=0.514 444 m/s(只用于航行)。

型鱼雷,导弹可在目标区盘旋飞行,在搜索定位目标时,由弹上计算机综合处理各个声呐浮标提供的目标信息,也就是这种导弹的末制导要用声呐。反潜"战斧"导弹在飞机扔下声呐浮标并进行预先侦测的情况下,向目标飞去,在目标区上空自动接收声呐浮标提供的信息,导弹的战斗部鱼雷会瞄准目标进行攻击。

反潜导弹主要有以下优点。

(1)反潜导弹飞行速度高,可在空中高速飞行到预定点,是水下航行鱼雷速度的10倍以上。

(2)反潜导弹的射程较远、攻潜快,在较短时间内把鱼雷从较远距离投放到目标附近,一是节约了鱼雷航程,尤其是对短航程鱼雷尤其必要;二是有利于鱼雷采用圆形或螺旋形搜索目标;三是攻击突然,目标来不及规避。

(3)抗干扰性能好,命中率高。反潜导弹在空中飞行,敌潜艇无法干扰;当鱼雷入水时已经距敌潜艇很近,来不及干扰;如果战斗部是核深弹,下沉到预定深度引爆,更不受干扰,因而命中率提高。随着战争要求和技术的发展,反潜导弹在射程上、精度上、使用性能上将不断改进提高。

三、舰空导弹——舰艇防空袭的海上保镖

舰空导弹是指从舰艇发射攻击空中目标的导弹,亦称舰艇防空导弹,是舰艇主要防空武器之一。舰空导弹与舰艇上的导弹射击控制系统、探测跟踪设备、水平稳定和发射装置等构成舰空导弹武器系统。舰空导弹,按射程分为远程、中程和近程舰空导弹,按射高分为高空、中空、低空和超低空舰空导弹,按作战使命分为舰艇编队舰空导弹和单舰防空舰空导弹。舰空导弹是伴随着海上空中威胁的加剧逐步发展成熟的。自苏联"冥河"舰舰导弹首战告捷以来,反舰导弹迅速发展和扩散,导弹成为主要舰载进攻武器,已成为近岸海域作战中水面舰艇的主要威胁。以往水面舰艇薄弱的火炮防空能力已经不能有效保障舰艇自身安全。建立并加强对付舰舰导弹的防御能力成为水面舰艇生死攸关的重要因素之一。随着海战场从远洋深海转移到近岸浅水海域,复杂的水域环境使舰载传感器探测、跟踪和对抗反舰导弹的能力严重下降,舰艇的机动规避能力也大大降低,进一步增加了水面舰艇导弹防御的难度。因此,舰空导弹迅速发展起来,并大量装备水面舰艇。为防御起低空飞机和掠海飞行反舰导弹的袭击,自20世纪60年代末以来,美国的"拉姆"、英国的"海狼"、法国的"海响尾蛇"等超低空、快速反应的单舰防空舰空导弹武器系统先后研制成功。1983年美国海军巡洋舰装备的"宙斯盾"全天候、全空域舰艇编队防空导弹武器系统,采用多功能相控阵雷达,能同时对付多个目标。随着各种舰空导弹的不断出现,形成了分别对付各种空中威胁的面、点、近程三种类型的舰对空导弹群,为水面舰艇编织起多层防护网,极大地提高了水面舰艇的生存能力。通常,面舰对空导弹的射程30～125 km,速度2～3.5Ma,射高30～25 km,采用固体火箭助推器和固体火箭或冲压喷气主发动机;点舰对空导弹的射程5～18 km,速度1.5～3.5Ma,射高几十米至几十千米;极近程舰对空导弹的射程在5 000 m以下,速度1.5～2.5Ma,射高50～1 500 m,大都是由陆军的便携式导弹移植上舰的。如今世界上已有几十种舰空导弹。美国发展的舰空导弹型号最多,如20世纪80年代装备的"宙斯盾"系统、改进型"海麻雀"和"拉姆"导弹,90年代装备的改进型"标准"导弹等。"标准"导弹是美国海军现役武库中最成功的导弹武器之一,主要装备"宙斯盾"型巡洋舰和驱逐舰,主要用于舰队区域防空、反导和对舰攻击。"标准"导弹从最初的反舰型发展出

后来的反辐射型、防空反导型(见图2.15)、反弹道导弹型和对地攻击型,成为一种系列完备、打造完美的舰载导弹武器家族。俄罗斯海军拥有型号从SA—N—6到SA—N—11的舰空导弹,基本上都是陆用防空导弹的改进型。海战实例表明,舰空导弹是一种有效的舰艇防空武器。

图2.15　美国"标准"—3舰射防空反导导弹发射

　　舰空导弹的主要发展趋势是:采用垂直发射、复合制导、抗干扰技术和智能技术等,使舰空导弹武器系统成为快速反应、高发射率、向速机动、高杀伤力和自动寻的精密制导与多种防空武器联合作战的系统。将传感器、指挥、控制与决策支援系统和武器、对抗措施结合起来,形成高度自动化的综合舰艇自防御系统,自动顺次完成对反舰导弹的探测、跟踪和打击,已成为各国海军的共识。美国"宙斯盾"综合作战系统就是采用了多层次、全方位、抗饱和攻击的先进系统,为航母编队提供纵深防御保护。其中的舰空导弹已经不只是执行中程或近程防空任务,还要对来袭目标在高空飞行段实施有效拦截。"宙斯盾"系统还能适于近海水域作战环境,与敌方陆基系统进行有效交战,其中舰空导弹仍唱主角。1987年,美海军"斯塔克"号护卫舰单独在中东地区公海水域航行时,被伊拉克两枚"飞鱼"导弹击中,船体严重受损,死亡37人,这一事件暴露了舰艇自身防护的薄弱性。此后,提高舰艇的自卫能力得到了美国及西方国家的高度重视。美国海军舰艇自防御系统SSDS、法国海军舰艇自防御系统OP3A是近些年研制的新型自防系统。它们的共同特点是,依靠舰上舰空导弹、末端近防系统和电子战设备,为舰艇提供分层的自动化防御能力。当发现目标时,首先由主被动诱饵进行干扰,然后用舰空导弹进行拦截,漏网目标再由末端近防系统给以彻底摧毁。美国已经计划将舰艇自防卫系统装备在非"宙斯盾"作战舰艇上,以提高这些舰艇的防空能力。

第三节　空战制胜之本——对空攻击导弹力量

在空间（含大气层内外空间，即空、天）战场，主要的火力打击对象是各类航空器（飞机、浮空器等）、航天器（卫星等）和飞行途中的导弹（包括飞航导弹和弹道导弹）。空基导弹力量很多，除了从各类飞机等航空航天器发射的各类对地攻击导弹（空射巡航导弹或战术空地导弹，视作陆战力量）、空射反舰和反潜导弹（视作海战力量）之外，还有空对空导弹、空射反导导弹和空射反卫星导弹。后三者是空基对空攻击的导弹力量。此外，对空攻击的导弹还有从地面（海岸）、舰艇上发射的防空导弹（本书将侧重用于舰艇自卫的近、中距舰空导弹视作海战力量）和反卫星导弹等，它们一起形成了现代空战制胜的主体火力。本节主要分空空、防空（反导）、反卫星导弹三类，介绍空战制胜力量。

一、空空导弹——空中对抗的"索命飞刀"

空空导弹是从空中平台发射，攻击空中目标的导弹。空空导弹是对付战斗机、轰炸机、预警机、干扰机等各类飞机，以及巡航导弹、浮空器等空中武器或平台的有效武器，是破击敌空间作战体系的主要工具。近 20 年历次局部战争的实践表明，现代战争作战手段以空中打击为主要形式。可以确定，这种作战模式在未来仍将延续。在 21 世纪的战场上，空中作战将愈演愈烈。由于在夺取制空权和空中对抗中的特殊地位和作用，空空导弹已成为世界各国优先发展和竞相购买的武器装备。

空空导弹自 20 世纪 40 年代开始至今已经发展出了 4 代产品，共约上百种型号。80 年代开始装备的第三代空空导弹已具备全天候、全方位、全高度作战能力，特别是中、远距空空导弹的作战效能明显增强，已使近距空战和超视距空战的战术发生了新的变化。海湾战争期间，多国部队共发射 71 枚先进的"麻雀"中距弹，击落飞机 25 架，击毁目标的概率为 35.2%，比越南战争时提高了 2～3 倍。不过，第三代空空导弹弹还存在一些问题：抗干扰能力仍不足，没有做到真正的全方向攻击，对付隐身飞机和巡航导弹的能力较弱等。第四代空空导弹从 20 世纪 80 年代初期开始研制，90 年代中期开始装备。其中，近距格斗导弹的典型型号有：以色列的"怪蛇"5、美国的"响尾蛇"AIM—9X（采用焦平面阵列导引头和推力矢量技术，寻的性能和抗干扰能力大幅增强，可以将整架飞机从天空背景中分离出来，目标探测范围大，可有效打击导弹后方的目标）；中距拦射导弹的典型型号有美国的 AIM—120（首个能"发射后不管"的中距空空导弹）、俄罗斯的 R—77、法国的 MICA 等；远程空空导弹的典型型号有俄罗斯的 R—37 和 R—72，美国的"不死鸟"AIM—54A 等，其射程达 100 km 以上。为了能对防区外战机、预警机、电子干扰机进行攻击，要求空空导弹的最大射程达到 300～400 km，俄 R—37M 导弹已达到此射程要求。第四代空空导弹机动能力更强，打得更远、更准，并具有攻击多目标、发射后不用操控的能力以及更强的尾后自卫能力。近年来，俄罗斯、美国等国家已研制出具有越肩发射（即导弹离开发射架后，先向前飞，接着迅速爬升、调头，从载机的上方通过，攻击后方的目标）等后向攻击能力的空空导弹，如俄罗斯的 R—73Ⅱ、R—77 和美国的 AIM—9X 等型号。一旦此类导弹及其新的战术付诸实施，便会给今后的空战方式带来巨大的影响。例如，操纵性和敏捷性较差的飞机若装备了这种机载武器，也有机会依靠导弹的高机动性扭转劣势，转败为胜。

图 2.16　美国 F—15 战机挂载的 AIM—9L 和 AIM—120 空空导弹

　　受空对空导弹性能和射程的影响,现代空战往往分为两个阶段:使用中、远距拦射弹进行超视距空战和使用近距格斗弹等武器进行视距内空战。现代空战已进入超视距空战的时代。所谓超视距空战,是指在目视范围之外,通过机载探测设备搜索、截获、跟踪空中目标,并用中、远距空空导弹对敌机进行拦截的一种空战样式。超视距空战通常具备下述特征:借助雷达或其他光电探测设备发现视距外的空中目标,通过相关仪表、敌我识别器、综合显示器、平视显示器等机载设备识别和瞄准空中目标,采用机动量相对较小的截击战术拦截空中目标,使用最大射程 15 km 以上的中、远距空空导弹攻击空中目标。它和以目视发现、目视识别、近距攻击、机动格斗为特征的视距空战的最大差别是:在发射导弹前,作战双方是"不见面"的。空战中,飞行员很可能还没有看见敌机,就已被击落了。空空导弹的主要载机——战斗机(主要用于拦截和摧毁敌方空中目标、空战、夺取制空权的飞机,也称"歼击机")——至今发展了四代,其机载武器不断增强,作战方式不断发展:朝鲜战争时主要用第一代喷气式飞机,作战全靠航炮;越南战争主要用第二代飞机,作战主要靠航炮、红外格斗导弹,利用格斗弹进行全向攻击;海湾战争主要用第三代飞机作战,用近程(红外)格斗导弹和中程导弹进行超视距作战,导弹打下了100％的目标,其中中程导弹打下的目标占 60％以上;第四代飞机以美国 F/A—22 为代表,以超视距作战为主,兼顾近程格斗能力,主要机载武器是可以大离轴角发射而且射后不用操控的空空导弹,强调先发制人地实施超视距多目标攻击。

　　未来空空导弹的发展重点为超视距多目标攻击能力,而重中之重则是那些拦截隐身战略轰炸机、空中预警指挥机、巡航导弹、高空侦察机和低轨道卫星等重要空中目标的远程或超远程空空导弹。此外,专用于直升机或无人机的空空导弹,也是发展的重点。

二、防空反导导弹——直刺苍穹射天狼的蓝天卫士

　　防空导弹是指由地面或舰船发射,拦截来袭的飞机、导弹等空中目标的导弹,西方也称为"面空导弹"。现代防空导弹不仅可以拦截各类飞机,还可拦截巡航导弹、战术空地导弹和弹道

导弹等大气层内外目标,因而也统称为防空防天导弹或防空反导导弹。防空导弹是国土防空、野战防空和海上防空不可缺少的拦截武器,是构成防空火力的基础。与高炮相比,它具有作战空域大、单发命中概率高的优点;与截击机相比,它具有反应速度快,火力猛,威力大,不受目标速度和高度限制,可以在高、中、低空及远、中、近程构成一道道严密的防空火力网。因此,防空导弹的发展备受世界各国的重视,防空导弹也被誉为"蓝天卫士"。按发射平台位置,防空导弹主要分为两大类:地空导弹和舰空导弹。其中前者居多,加上前面已介绍过舰空导弹,因此下面主要介绍地空导弹。

由于高炮的射程、射高和射击精度的局限性,更为有效的防空武器——地空导弹——应运而生。早在第二次世界大战时期,纳粹德国就研制了防空火箭和地空导弹,但没来得及批量生产和使用,就战败了。第二次世界大战后60多年来,地空导弹已研制了三代,装备了60多种型号,形成了高、中、低空,远、中、近程相结合的火力配系,其发展始终与空袭兵器的发展交织在一起。20世纪80年代初至今发展的第三代防空导弹,是以干扰、机动、实施饱和攻击的空袭兵器为作战对象的、兼备反飞机与反导弹能力的新型地空导弹——防空反导导弹。其代表型号有:美国的"爱国者",俄罗斯的C—300、C—400、"道尔",英国的"轻剑"2000,意大利的"防空卫士",我国的"红旗"及我国台湾的"天弓"2等。这些导弹的特点是:采用了多功能相控阵雷达;一个火力单元能同时跟踪和攻击多批目标;采用复合制导,提高了命中精度和抗干扰能力;特定条件下还具有拦截战术弹道导弹的能力,某些防空反导导弹(如美国"战区高空拦截系统"、"爱国者"PAC—3、"标准"—3等)已能用动能弹头,采取直接撞击的方式,命中大气层内外的高速目标。此外,专门用于对付低空、超低空目标的单兵便携式导弹也有了新的"品牌",其中最有名的是美国的"毒刺"导弹,法国的"西北风",英国的"标枪"和"星光"导弹等。

反导导弹主要用于拦截弹道导弹、巡航导弹等对地对舰攻击导弹。其中反弹道导弹最难,也是各强国研发部署的重点。用导弹打弹道导弹的方式主要有下述4种。

(1)用空对地导弹攻击位于发射阵地的弹道导弹。

(2)用空对空导弹打起飞阶段的弹道导弹(2007年12月3日,美军F—16战斗机用空空导弹成功地拦截了一枚处于推进状态的探空火箭,是世界上首次实施的用空空导弹拦截"弹道导弹"的试验)。

(3)用天基(星载)导弹或地基、海基高空反导导弹狙击飞行中段的弹道导弹。

(4)用地空导弹拦截飞行末段的弹道导弹。目前用于低空拦截的反导导弹多数是在高空、远程地空导弹和舰空导弹的基础上改造而成的。末段(低空)反弹道导弹导弹最著名的莫过于美国"爱国者"导弹了。"爱国者"导弹现有4种型号:标准型,最适合用来对付空气喷气发动机推进的大气层内飞行器;"爱国者先进能力—2"(PAC—2)导弹,用于防御战术弹道导弹;"增强制导型"(即PAC—2/GEM)导弹,提高了防御战术弹道导弹的性能;"爱国者先进性能—3"(PAC—3)导弹防御系统(见图2.17),用于低层弹道导弹防御,拦截短程和中程弹道导弹、巡航导弹和其他诸如固定翼飞机和旋转翼飞机等。PAC—3拦截弹采用雷达寻的头和"杀伤增强器"装置,靠动能摧毁目标,作战距离30 km,作战高度15 km,最大飞行速度$6Ma$。

目前,世界上比较著名的陆基导弹防御系统有:美国的国家导弹防御系统(NMD,基于先进的动能杀伤武器——地基拦截弹)、战区高空导弹拦截系统(THAAD,陆基机动发射的拦截弹采用红外寻的头,以对撞毁伤大气层内外的弹道导弹)、"爱国者"PAC—3导弹防御系统,以色列的"箭—2"导弹防御系统,以及俄罗斯的C—300、C—400导弹防御系统等。此外,美国海军还发展出两套海基导弹防御系统:一套以低空防御为主,称为海军区域导弹防御系统(NAD),主要装备是"宙斯盾"作战系统和标准—2(SM—2ⅣA型)防空导弹;另一套以高空拦截为主,称为海军全战区防御系统(NTW,也称海基中段拦截系统),它采用改良型"宙斯盾"系统和具有动能杀伤弹头的标准—3(SM—3)防空导弹,可在大气层外拦截上升段的弹道导弹和下降飞行中的弹头。美国"宙斯盾"舰对空作战系统是多层次、全方位、抗饱和攻击的先进系统,其中的舰空导弹已经不只执行用于舰艇自卫的近、中程防空任务,而是可以有效拦截过顶的中程、远程弹道导弹。

图 2.17　美国"爱国者"PAC—3 导弹

专家们分析,美国未来的全面防御系统可能包括:末段拦截:"爱国者"PAC—3(能对付近程弹道导弹);中段拦截:"宙斯盾弹道导弹防御"系统(使用"标准—3"导弹,能对付中、近程弹道导弹)和 GMD"陆基中段防御"系统(能对付远程弹道导弹);初段拦截:空空导弹、机载激光拦截武器、天基激光拦截武器(能对付不同射程的弹道导弹和运载火箭)。目前美国正在多方面多手段地推进导弹防御系统的一体化建设,促进陆基系统、海基系统以及整个防御体系的融合。美国陆军正在实施"一体化防空反导作战指挥系统"(IBCS)计划,美国海军正在发展和完善类似的"协同作战能力"(CEC)系统,预计随着"全球信息栅格"系统的逐步建立,美国各军兵种的导弹防御系统将真正联为一体。俄罗斯也正在努力促进防空反导力量的一体化,解决防空反导力量隶属不同军种、重复建设现象突出等问题。自 2007 年 8 月以来,俄罗斯开始并持续装备 C—400 防空导弹系统,它堪称目前世界上最先进的防空反导系统,既可完成空中防御任务,又能完成非战略性的导弹防御任务,对付目标包括各种作战飞机、空中预警机、巡航导弹、战术弹道导弹等其他精确制导武器。近几年,俄罗斯正在积极研制新一代(俄称第五代)防空导弹——C—500"独裁者"导弹,它可打击包括洲际弹道导弹在内的多种目标,优于美国"爱国者-3"防空导弹系统,预计将于 2015 年完成。未来俄可能以 C—500 新型防空反导系统为基础,建立集防空、反导和空间防御的情报、火力和指挥设备于一体的空天防御系统。俄罗斯计划近期内在独联体内建立 3 个区域性防空系统,合并陆军防空兵与空军防空军,若能实现,将使俄防空系统与反弹道导弹系统走向统一,大大提高空天防御能力。

三、反卫星导弹——体系破击的太空战杀手

军事强国的通信、侦察和监视系统严重依赖于太空,这种依赖性未来还会越来越强,因而空间设施是其军队最重要的"节点"之一,太空也是强国"最致命的软肋"。在未来的战争中,支撑体系作战能力的航天系统及其基础设施将是优先打击的目标,太空战必将出现并越发激烈。摧毁敌国的卫星系统,将使其在通信、控制、指挥、计算机、情报、侦察和监视方面拥有的优势化为乌有,对于弱国转而取得作战优势具有至关重要的作用。美俄等国已经或正在研发的反卫星武器包括反卫星导弹、反卫星激光武器、粒子束武器以及反卫星卫星(截击卫星,共轨式反卫星武器)等。其中,反卫星导弹基本成熟并已装备,其他武器大都还处于研制阶段或者因多种因素制约未能部署。

反卫星导弹是用于摧毁卫星及其他航天器的导弹。可以从地面、舰船、空中或太空发射。通常为多级导弹,配装有机动能力的拦截器(或核弹头)。导弹发射后,经过多级火箭发动机工作,上升到目标的高度,弹体与自寻的拦截器分离,拦截器开始自动搜索、识别、发现和跟踪目标,并依靠自身的动力机动至目标附近,利用动能直接碰撞,或者常规装药的近炸破片,或者核爆炸释放的 X 射线,将目标卫星击毁。美俄等国现在研发的用于拦截弹道导弹的一些系统,本身就具备反卫星武器的能力。从许多方面看,攻击卫星比拦截弹道导弹更容易。因为卫星在可预测的固定轨道上运行,其轨道能够通过地面设施的跟踪而事先精确确定(精度可达米级),将有足够的时间计划准备,然后选择合适时机发射拦截弹,还有时间进行多次射击,主要考验的是动能拦截弹的性能;而弹道导弹防御中,进攻者具有出其不意的优势,防御方只有不到 30 min 的时间进行反应;此外,导弹防御还可能面临欺骗和干扰,而对卫星的拦截基本上是在毫不设防的情况下进行的。反卫星导弹可以在现有中远程弹道导弹、空空导弹、地空导弹、反弹道导弹导弹以及卫星运载火箭等基础上改造而成。其中最常用的是地基(含海基,下略)动能反卫星导弹。

地基动能反卫星导弹是依靠高速动能,通过直接碰撞的方式像子弹一样击中目标的反卫星武器,堪称当代反卫星作战的"撒手锏"。与其他类型的反卫星武器相比,地基动能导弹有下述优势。

(1)研制技术门槛低。它实际就是利用运载火箭或导弹改造的直接上升式反卫星武器,由于有效载荷不大,现有中程弹道导弹在减小载荷后就可以达到拦截卫星的高度。

(2)作战反应速度更快。共轨式卫星攻击卫星时,杀手卫星发射后需要调整进入目标轨道,然后接近卫星引爆,全过程需要 1.5～3 h;空基反卫星导弹需要经过飞机起飞,飞行到适当高度,调整发射方向,跃升发射攻击等一系列环节,即使在空中飞行戒备情况下也需要 6～15 min;而地基动能反卫星导弹在目标卫星临空过顶时,随时可以发动攻击,只需要 2～13 min。

（3）拦截空域范围大。无论是攻击方向还是攻击高度,地基动能反卫星导弹都有一定优势:它能以很高的速度从各个方向接近目标,而且不需要像反卫星卫星那样消耗燃料入轨,因此同样的燃料可以打击更高的卫星;空基反卫星导弹体积受飞机限制,虽然可以机载高空发射,但拦截的卫星高度不会太高,而地基反卫星导弹无此限制,中程以上的导弹可以攻击高度1 000 km以上的卫星。上述优势也是地基动能反卫星导弹近年来发展迅猛的主要原因。

20 世纪 60 年代初至 70 年代中期,美国研究和实验利用核导弹反卫星的可行性,并一度部署过"雷神"反卫星系统,利用核导弹在高空爆炸产生的毁伤效应击毁卫星。由于核武器的使用受到限制及可能给已方卫星带来不利影响,70 年代中期起,美国开始转向研制非核反卫星武器。1978 年美国空军开始研制机载小型反卫星导弹。它由两级固体火箭发动机和寻的拦截器组成,由 F—15 飞机从空中发射。1985 年首次成功击毁一颗在 500 多千米高轨道上的军用实验卫星。试验证明,利用反卫星导弹攻击卫星(见图 2.18),特别对轨道高度低于 1 000 km 的航天器有较强的攻击力。1993 年"战略防御倡议"被"弹道导弹防御计划"取代后,以反导弹为目的的动能拦截武器的发展进一步推动了反卫星导弹技术的发展。经过十几年的建设和数十次反导弹反卫星拦截试验,美国动能拦截导弹技术日趋成熟,海基反卫星武器系统已可以投入实战。相比陆基、空基,海基反卫星武器系统最大的优点是其机动性非常强。据初步统计,目前已装备使用和试验成功的地(海)基动能导弹的主要型号包括美国的中段防御导弹(GBI)型、末段高空区域防御 THAAD 导弹、"爱国者"PAC—3 型、海基中段防御导弹"标准"—3 型(2008 年 2 月,美国用一枚"标准3"1A 海基导弹击毁了离地 250 公里处的失控卫星),以色列的"箭"—3 型,俄罗斯的 A—135 反导系统动能拦截导弹,印度的先进防空导弹(AAD)型与大地防空导弹(PAD)型。2007 年 1 月中国用地基动能拦截导弹打下了一颗废旧的气象卫星,标志着中国也具备了反卫星能力。研制集飞机、反导弹、反卫星等多种功能于一身的反导防御系统,是未来发展的重点。美俄等国也都计划把反卫星与反导弹的武器系统基本融为一体。

图 2.18 反卫星武器攻击卫星设想图

第四节 电磁战制胜之本——攻击电子类目标的导弹力量

除陆、海、空(含天)战场以外,还有充斥上述三维战场又不同于上述战场的看不见的电磁战场。作为电子战、体系对抗和夺取制信息权的一种硬杀伤手段,反辐射导弹和电磁脉冲导弹等专用于攻击电子类目标的导弹是夺取电磁战胜利的重要力量。

一、反辐射(反雷达)导弹——雷达等辐射源的猎鹰

反辐射导弹是专用于攻击雷达等电磁辐射源目标的导弹,也称反雷达导弹。但不限于打击雷达,也可攻击带有电磁辐射源的载体,如空中预警机、电子干扰机、地面指挥控制中心、舰艇等。反辐射导弹通常利用敌方雷达的电磁辐射来搜索、跟踪和导引,"顺藤摸瓜"地攻击目标,多采用被动式雷达寻的制导或复合制导,通常用普通装药战斗部,由触发或近炸引信起爆,是对付雷达及其载体最有效的硬杀伤武器之一。按发射平台位置,可分为空射型、海射型、陆射型反辐射导弹。目前主要有空地、空空、舰舰和地地型反辐射导弹。其中空地反辐射导弹应用最早最普遍,装备数量也最多。

空地反辐射导弹是专用于攻击地(水)面雷达等辐射源目标的战术空地导弹。它犹如高悬蓝天的猎鹰,时刻在寻找敌方的地面雷达,一旦发现目标就立刻锁定目标的位置和辐射参数,并飞向目标实施攻击。导弹发射前,要由载机上的侦察和目标指示设备对目标进行侦察,测得目标的准确坐标和辐射参数,并将数据输入导弹。在载机给导弹通电后,弹上导引头开始进行方位扫描以确定雷达位置,锁定后发射导弹。导弹在飞行过程中,导引头不断接收目标的电磁信号并形成控制信号传给执行机构,使导弹自动导向目标。在攻击过程中,如果目标雷达关机,导弹的记忆装置能控制导弹继续飞向目标;如果目标雷达中途改变频率,只要辐射频率仍在预先选定的频带内,导弹就能继续跟踪目标。如遇紧急情况,发射前来不及测得目标雷达的发射频率,就把导弹的导引头调整到可工作的整个频带内,导弹边飞行边搜索,一旦捕获目标就发起攻击。中远程反雷达导弹,多采用惯性-被动雷达寻的复合制导。导弹可在距目标较远距离发射,靠惯性制导巡航飞行,到一定距离导引头开始搜索目标,发现、识别目标后,由被动寻的装置将导弹引向目标。空地反辐射导弹至今发展了四代,目前有十余个国家(地区)空军装备了近20种型号。第一、二代为防空压制型,主要用于攻击高炮炮瞄雷达和地空导弹制导雷达;第三代20世纪80年代开始装备,有近程自卫型、防空压制型和战场封锁型,后者的典型型号为美国的 AGM—136A,可在目标区上空盘旋,在 20~40 min 内封锁地面防空雷达。第四代先进反辐射导弹不仅可摧毁敌方的各种雷达系统,还可攻击敌空中预警机、专用电子干扰机及地面指挥控制中心等,典型型号为美国的 AARGM(见图 2.19)。AARGM 射程达 100 km 以上,中段采用惯性制导+GPS 卫星导航进行制导,末段采用宽带(0.1~40GHz)微波被动雷达+主动毫米波寻的制导。可攻击目标范围显著扩大,抗目标关机能力和命中精度进一步提高。即使敌方雷达关机停止辐射,导引头也能在接近目标位置时进行毫米波主动寻的,搜索到敌雷达天线和防空导弹发射架发出的强回波,并利用自动目标识别(ATR)算法,攻击防空导弹系统的指挥车,而不是攻击天线(天线距指挥车通常有一定的安全距离),因而具有很强的对抗能力。

反辐射导弹曾用于越南战争、第四次中东战争、两伊战争、海湾战争和伊拉克战争等,主要

攻击地空导弹制导雷达和高射炮瞄准雷达,战果显著,在电子战场发挥了极其重要的作用。反辐射导弹正朝着增强抗干扰能力,提高导引头性能,增大射程、速度、威力和攻击多种电磁辐射源的方向发展。

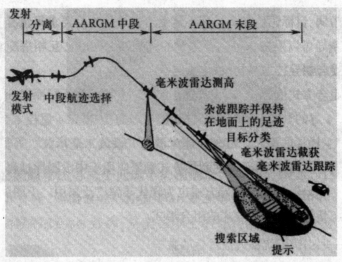

图 2.19　AARGM 的飞行及制导原理图

二、电磁脉冲导弹——可使电子设备武功尽失的恐怖脉冲

电磁脉冲是短暂瞬变的电磁现象,它以空间辐射传播电磁波,可对电子、信息、电力、光电、微波等设施造成破坏,可使电子设备半导体绝缘层或集成电路烧毁,甚至使设备失效或永久损坏。电磁脉冲导弹是指携带电磁脉冲(核或非核)弹头的导弹。主要用于攻击指挥信息系统等电子类目标,利用电磁脉冲效应将电子设备烧毁,造成系统瘫痪。

核电磁脉冲弹是突出增强电磁脉冲效应的一种核弹,是第三代核弹类型之一,电磁脉冲效应明显增大,相应地冲击波、核辐射等效应则削弱了,因其对电子设备的破坏力十分巨大,被人称作"第二原子弹"。大气层外爆炸会产生特殊的电磁脉冲效应。一枚百万吨 TNT 当量的普通氢弹在高空爆炸,在其所能覆盖的地球表面上(爆高为 400 km 的核爆炸,其覆盖半径为 2 200 km)最大的电场强度或达$(1\sim10)\times10^4$ V/m,主要频谱范围为$1\times10^4\sim1\times10^8$ Hz。这样强的电磁脉冲作用到电子类系统设备中,可产生很高的瞬时感应电压与电流,从而造成毁坏或瞬时电磁干扰。世界军事强国已研制出核电磁脉冲弹,而常规型电磁脉冲弹更是已经走向实用,装备了某些导弹。例如:20 世纪 90 年代装备于 B—52 轰炸机的美军 AGM—86C 常规对地攻击巡航导弹,就可携带非核电磁脉冲发生器,具有精确打击发电厂、通信中心等高价值目标能力;俄罗斯 2007 年研制定型并开始正式装备的"伊斯坎德尔"—M 是 21 世纪俄国重点部署的战术弹道导弹,它可携带多种弹头,特别是可携带反电子设备的电磁脉冲弹弹头,从而变成电磁脉冲导弹,它还装有战术诱饵,可主动干扰敌方预警探测系统。

在未来的"电子战"中,指挥控制及通信系统尤为重要。电磁脉冲弹将对电子信息系统及网络等构成极大威胁,可用于大范围毁坏各类电子目标,包括航母编队、卫星等。例如一枚 100 万吨级核弹在太空爆炸就可以使上千公里范围的无防护的卫星毁坏或失去作用。电磁脉冲弹一旦投入使用,将是"没有蘑菇云的人类巨灾"(见图 2.20)。美国《流行机械》杂志曾报道说:下一次世界灾难降临之时,看不到蘑菇云,只是一声巨响和一道闪电,便可使计算机所有数据被烤焦,除柴油机外,所有电气化引擎都无法发动,世界将倒退 200 年……这并非耸人听闻,五角大楼相信,新一代电子炸弹爆炸后,世界将变成这样。

图 2.20　核电磁脉冲弹头及其爆炸瞬间剪影

三、诱饵导弹——引诱干扰摧毁敌雷达的骗子

减小雷达反射面积是提高武器隐身效能的重要措施之一。但是有一种导弹却恰恰相反,它善于表现自己,生怕敌方的雷达发现不了自己,它就是用于诱惑、干扰和摧毁敌重要目标的诱惑导弹。

从 20 世纪 50 年代中期起美国就开始研制这种导弹,发展了"鹌鹑"导弹和亚音速飞航式武装诱惑导弹等型号。其中,亚音速飞航式武装诱惑导弹射程 1 600 km,每架 B—52 飞机可外挂 20 枚。导弹装有探测设备、电子干扰设备、假目标发生器、末制导设备和 5×10^4 t TNT 当量的核战斗部。作战时,B—52 飞机进入敌防空区域后即发射诱惑导弹,导弹在惯导系统制导下以与 B—52 差不多的速度飞行,并模拟 B—52 的飞行航迹,在遇有威胁时可进行规避,并能主动发射与 B—52 飞机上电子设备相同的信号和干扰信号。因其本身的雷达反射面积大,和飞机差不多,所以诱惑导弹能起到鱼目混珠的效果,使敌人真假难辨,从而达到掩护飞机突防的目的。诱惑导弹由于装有回波增强器、杂波干扰机、欺骗式干扰机等电子战设备,所以还能在敌空域上空实施主动而有效的电子干扰和压制。装有战斗部的诱惑导弹还可压制敌机场、预警和地面引导雷达站等。

第三章 制胜之剑——导弹攻击

自导弹问世以来,在历次的战争中导弹武器就没有停止过使用,导弹攻击战作为一种重要的作战样式,对战争进程和战争结果发挥着越来越重要的作用。1944年9月至1945年3月,德军使用V—1、V—2型导弹袭击了英国和欧洲大陆的重大城市,给盟国国内市民造成了巨大恐惧,严重地影响了盟军的作战部署;1973年10月的第四次中东战争期间,埃及军队的主战武器"萨格尔"反坦克导弹,3分钟内击毁以色列军85辆坦克,全歼王牌第190装甲旅;1988年春天,两伊战争中出现了导弹"袭城战"作战;1991年爆发的海湾战争,仅公开亮相的各型导弹就有30余种,交战中各种导弹武器大显身手,成为交战双方的主要兵器和打击对方的主要手段;1998年美英对伊拉克的"沙漠之狐"的军事空袭行动,美军破例第一次通过在独立空袭战役的一个重要阶段全部使用巡航导弹达成战役企图;1999年的海湾战争和科索沃战争、2001年的阿富汗战争、2003年的伊拉克战争,都是由导弹攻击打响战争的第一枪。

第一节 现代战争夺取战场控制权的尖兵

一、现代战争,电磁优势和信息优势是夺取战场控制权的首要条件

现代战争,电子战贯穿战争的始终,渗透到战场的各个方面,涉及诸兵种。在战役战斗的每一个环节,无不存在着电子技术的争斗。电子战被认为是继陆、海、空战场之后的第四维战场,是战斗力的倍增器。美军把电子战看成是军队的"耳目"和"神经中枢"。电子设备一旦出现问题,军队就会变成一个"又聋、又瞎、又哑"的现代巨人,有人认为:"争取和保持电磁优势,比第二次世界大战夺取制空权更为重要。"可以毫不夸张地说,没有电磁优势就很难拥有有制空权,电磁优势是夺取战场控制权的首要条件。围绕争夺电磁优势,电子战将在现代战争中首先发起并全程使用。

第五次中东战争,以色列取胜的原因之一就是充分发挥了电子战的作用,电子战与各种攻击武器的结合,使以军取得了重大战果。战前,以军制订了周密的电子战计划。战斗打响后,以军首先发射了大量遥控无人驾驶飞机从西部和南部进入叙军防空区吸引防空雷达,实施电子侦察。同时派出改装的RC—707和E—2C"鹰眼"式预警与控制飞机以及情报支队搜索叙军无线电和雷达频率,指挥飞机进入有利位置,并实施电子干扰。此外,以军的战斗机和轰炸机也都装备了电子战系统,这些装备可以干扰"萨姆"导弹的制导雷达,发现空空导弹威胁时可自动实施干扰欺骗,并能够引导自己的导弹攻击目标,在这种情况下,叙军防空导弹的制导系统陷于瘫痪。虽然叙军在战争中也实施了电子干扰,但以军早有准备,因此依然保证了有效的指挥和通信,并在战争中摧毁了叙军多年经营的防空导弹基地和数十架飞机,而自己却损失轻微。

海湾战争开始前,以美国为首的多国部队为探测伊拉克电子设备的工作频率和信号特征,

调集了大量的电子侦察设备,其中有 TR—A 高空战术侦察机、EC—130、135 电子侦察机和 EH—60"黑鹰"电子侦察直升机,另有 5 颗电子侦察卫星及 39 个地面无线电监听站。用这些设备和手段截获了伊拉克的无线电通信信息,并把截获的数百万信息输入计算机进行分析,从而为制订进攻计划打下了基础。开战前 5 小时,多国部队对伊拉克实施强烈的电子干扰,美国用高频、甚高频、超高频和特高频通信干扰机,发射与伊拉克电台工作频率相同但功率更大的噪声信号,使伊拉克的通信联络濒于中断,C^3I 系统受到严重干扰,甚至使伊广播电台也不能正常工作。战争中美国使用了 EF—ⅢA、EA—6B 和 E—4G 高级"野鼬鼠"反雷达、电子战飞机共 50 多架,既能抛撒干扰箔条又能发射多频段的有源干扰信号,完成屏蔽/远距支援干扰、突防/护航干扰和近距支援干扰,致使伊拉克的一些雷达迷盲,显示屏不是白花花一片,就是显示假目标,无法测出来袭飞机,从而使伊军的防空电子系统受到严重的软杀伤,防空导弹无法使用、飞机无法起飞,完全处于被动挨打的局面。

伊拉克战争中,美军共动用了 50 余颗军用卫星,实现了对伊拉克地区的覆盖,向参战美英部队及时、准确、全面地提供了侦察情报、打击效果评估、通信、导航、定位、气象等作战保障;调集了 U—2、RC—135、P—3、RC—12、E—8、E—3、E—2 等 100 余架有人侦察机和预警机,"捕食者""全球鹰"等 10 余种 90 余架无人侦察机对伊目标进行了可见光照相、红外成像、微波成像、无线电侦听、无线电定位等侦察活动,使伊拉克战争对美军一方几乎处于完全透明的状态,有力地保障了空中打击和地面军事行动的需要。

二、现代战争,制空权和空中力量是夺取战场控制权的关键因素

意大利的军事思想家朱里奥·杜黑将军早在 1921 年在其著作《制空权》一书中,就明确指出"夺取制空权就是胜利,一旦发生战争,为了保证国防,必要和充足的条件是夺取制空权。"第二次世界大战以来,空中力量一直在现代战争的各类战场上扮演主要角色,在发生的 180 多起局部战争和武装冲突中,空军参战达 90% 以上,空中力量往往被作为主力在战场上首先使用。

第四次中东战争期间,埃及军队为了有效保障地面部队作战,牢固掌握作战区域的制空权,将 176 个高、中、低防空导弹阵地,与 23~100 mm 的各口径高炮阵地,混合部署在沿苏伊士河西岸的 90 km 长、30 km 宽的区域内。结果开战头 3 天就有 100 多架次敌军飞机被击落,有效地保持了战争初期的战场主动权。而第五次中东战争,以色列汲取了教训,把对叙利亚盘设在贝卡谷地的导弹基地作为其袭击的首要目标。通过多次袭击,摧毁叙防空导弹连阵地 26 个,击落叙机 54 架,使苏联和叙利亚在贝卡谷地经营了 10 多年、耗资约 20 亿美元的防空体系毁于一旦,从而牢牢掌握了战场制空权,为战争的最后胜利奠定了坚实的基础。

海湾战争战争打响前,多国部队在海湾及其附近地区集结了 3 500 余架飞机,其中作战飞机达 2 000 余架,空中力量无论在数量上还是质量上都对伊军处于绝对优势。为了牢固控制住战场控制权,历时 42 天的战争,多国部队对伊空袭就达 38 天,共出动各类型飞机 10 万多架次,平均每天 2 000~3 000 架次,远远超过了第二次世界大战及越南战争。经过大规模的空袭作战,多国部队仅仅用了 100 h 就完成了地面作战任务。

综观伊拉克战争,空中力量可谓"首先使用、全程使用、全面使用",自始至终贯穿战争的全局。美英联军以"斩首"空袭揭开战争序幕,并贯穿战争始终;通过发动紧密配合战争需要的随机精确空中打击,将空中力量作为战略力量使用贯穿渗透于战争的各个方面。44 天的伊拉克战争,美英联军共出动了 41 780 架次飞机,对伊拉克数千个目标进行了大规模空中打击,平均

每天 1 600 架次,最多时达 2 000 架次。从而有力地控制了整个战争的局势,影响甚至左右着整个战争的进程。

三、在争夺战场控制权的斗争中,导弹攻击是首选作战样式

(一)导弹武器使防区外远距离打击成为现实

据专家计算,1973 年 10 月历时 18 天的第四次中东战争,以色列损失的飞机 50% 是被防空导弹击毁的,阿以双方共损失 600 多架飞机(阿方 440 架,以方 200 架),其中约有 70% 是被红外制导或雷达制导的空对空导弹击落的。在海战场,仅仅 4 次较量,都是导弹艇对导弹艇以导弹对导弹的战斗行动。

海湾战争期间,美军认为,在战区预警体系和防空武器尚未得到充分抑制之前,即使伴有电子干扰措施,让飞机飞临重点设防的战略目标上空,越临近目标也就意味着危险性越大。因此,战争一开始,多国部队打头阵的就是导弹。在进攻发起前,首先用"地狱火"空地导弹对伊拉克边境的伊军预警雷达阵地进行攻击,摧毁伊军的防空预警系统,为隐形战斗机的重点空袭创造了一个安全环境;仅开战第一天,远离巴格达 1 100 km 外停泊在海湾地区的美军"密苏里"号和"威斯康星"号战列舰,就向伊军的防空阵地、雷达基地等军事设施发射了 100 多枚舰地"战斧"式巡航导弹,开战 3 天,美军就向伊拉克发射了 216 枚"战斧"巡航导弹,对伊拉克的防空设施、导弹基地以及空军基地等 60 多个军事目标实施摧毁性打击。为作战飞机的大规模空袭作战创造了一个安全的战场环境,创造了在现代高技术战争中密集地使用导弹武器实施远距离攻击的先例。

(二)导弹武器对空中力量起到了"倍增器"的作用

机载导弹在空中可以攻击各类不同的目标,使飞机能够在全天候、全天时、全方位、全高度进行攻防作战,从而取得较大的作战效能。

1982 年的英阿马岛战争,英军使用的导弹多达 12 种型号,其空空、地空和舰空导弹击落了阿军 60 多架飞机,约占阿军被击落飞机总数的 63%。英军"鹞"式飞机使用的美制 AIM—GL 空空导弹,在作战中发射 27 枚,击中了 24 架阿机,其命中率之高,无不令人赞叹。海湾战争期间,多国部队首批空袭飞机飞到距沙、科边界 50～70 km 时,陆军派出攻击直升机共发射反雷达导弹约 400 枚,只要伊军雷达开机发射信号,就会被跟踪、摧毁,基本上摧毁了位于空袭航线附近的伊军雷达,扫清了空袭的前沿障碍,使伊军变成了"瞎子"和"聋子",即使伊军的飞机升空,由于无地面雷达引导,也无法进入阵地和发现多国部队的飞机,从而牢牢控制了制空权,为多国部队的大规模空袭开辟了安全走廊。

(三)导弹集群突击战术是现代战争夺取战场主动权的重要手段

导弹集群突击战术主要用于对敌方重要大面积目标的攻击,通常是为了达成某种战略或战役目的而实施的突击。导弹集群突击作战目的通常是要对敌方造成重大的毁伤和破坏,使其完全陷于瘫痪和完全丧失作战能力。当前美俄均具有将世界所有战略目标毁伤数次的核导弹作战实力,几个中等发达国家也在不断地扩大本国的综合核作战实力。因此可以预测,一旦发生在中等发达以上国家之间的战争,极有可能采用"先发制人"和突然袭击的方式,使用导弹集群突击战术来最大限度地毁伤对方的作战实力,从而夺取战争的主动权。即使是使用常规弹头,在局部战争中,这种战术也会被较多地使用,以夺取战区、战役的军事优势,使之战略态势朝着利于己方的方向发展。在第二次世界大战末期,德军用 V—1、V—2 型导弹向英国的伦

敦等城市所进行的突击就是采用的这种战术。海湾战争的第一天，美军就向巴格达的主要军事设施发射了 106 枚"战斧"式巡航导弹；阿富汗战争的第一轮空袭，美军就向塔利班的防空设施和其他重要目标投下了 50 枚"战斧"巡航导弹；伊拉克战争，美军用 40 枚巡航导弹开始了对伊拉克首脑机关的"斩首行动"。以上这些作战行动，都是导弹集群突击战术在实际作战过程中的实际应用。

第二节 一体化作战体系破袭的利器

一、一体化作战是现代战争作战行动的必然趋势

所谓一体化作战，是围绕统一的作战目的，以各种作战单元、作战要素高度融合的作战体系为主体，充分发挥整体作战效能，在多维作战空间打击或抗击敌方的军事行动。

"一旦技术上的进步可以用于军事目的，并且已经用于军事目的，它们便立刻几乎强制地，而且往往是违反指挥官的意志而引起作战方式上的改革甚至变革。"现代军事信息技术的迅猛发展、信息技术装备广泛渗透到作战的各个领域，使作战一体化程度空前提高，一体化作战已成为现代战争作战行动的必然趋势。

（一）多维作战空间一体化

由于军事信息技术的发展，现代作战空间已由过去的陆、海、空三维战场发展到陆、海、空、太空、电磁多维战场。各战场的联系更加紧密，作战行动将在战场的全空间展开，各战场将围绕一个作战目的，在战术、战役、战略行动上融为一体。

首先，立体化、全方位的侦察和监视网覆盖和透视陆海空天各战场。不仅能在地面上进行侦察，而且能从空中、海上、水下、天上实施侦察。不仅能获取地面、海上信息，而且能获取空中以至太空信息。海湾战争中，美国在太空建立了由各类侦察卫星组成的卫星侦察系统，在高空建立了由类侦察、预警飞机组成的战略侦察系统，在低空建立了由各类战术侦察飞机组成的战术侦察系统，在地面建立了由战区各部队的电子侦察兵力和设在多国的地面电子侦察站组成的地面侦察系统，从而将外层空间、高空、中空、低空、地面、海上、地下、水下连为一体。构成了大范围、立体化、多手段、自动化的情报侦察与监视网。

其次，高精度、远射程的信息化武器密布和威胁陆海空天各战场。在现代战场上，信息化武器实现了能够侦察到的目标就能够打击和摧毁。目前，精确制导弹药的命中精度比非制导弹药提高 10～100 倍，各类战役战术制导弹药的命中精度已达米级。海湾战争中，多国部队发射的精确制导弹药虽然只占发射弹药总量的 7%，却摧毁了 80% 的重要目标。各类导弹的打击距离已从几百公里上升到近万公里，可以攻击全球任何一个角落。射击精度的提高和打击距离的增大，使信息化装备具有了覆盖和打击战场全空间的超常作战能力。

（二）多元作战力量一体化

军事信息技术的发展和广泛应用于现代战场，促成各种作战力量有机联合、密切协同、发挥整体威力，从而形成多军兵种和多种武器装备经过科学组合而凝成的多元一体化的整体作战力量。

首先，全球覆盖的精确定位系统的开发和使用，使各种飞机可精确投掷、发射弹药，坦克、战车、火炮、飞机、舰艇可精确定位和和行进，甚至单兵也可准确定位，从而更加有利于战场各

种力量相互支援和密切协调,大大提高整体作战能力。其次,战时作战使用的多样化、抗干扰的通信系统以及战场信息高速公路的建设,使得空前大量的作战信息可在诸作战力量之间实时有效地处理和传输。不仅使诸军兵种可在战略战段行动上相互协调和支援配合作战,而且在需要的时候战术行动上也能近实时地协调作战,完全融合为一个整体。由于军事信息技术广泛应用于现代战场,各种重要的作战样式都将是诸军兵种的多元一体化协同作战。诸军兵种的多种武器系统都是通过先进的 C⁴ISR 系统保障和协调,实现各种火力打击同一目标群或协调一致地完成同一作战任务。

(三)作战指挥一体化

军事信息技术在作战指挥中的广泛运用,促进了指挥体制的科学性、指挥手段的现代化和指挥方法的灵活性,提高了指挥效能,实现了作战指挥一体化。

1.指挥体制"网状"一体化

由于数字化通信技术的发展和战场信息高速公路的建设,"树状"指挥体制将逐渐被扁平形"网状"指挥体制所取代。"网状"指挥体制外形扁平、横向连通、纵横一体、信息传输速度快、保密性好、失真率低、抗干扰能力强、生存率高。扁平形网络纵横交错、节点多、机动用户可随时在网络中与多个节点联系,防止出现"切断一枝、影响一片"的现象,大大简化了指挥层次,缩短了信息流程。据悉,美军正通过横向一体化技术在各司令部与各个作战部队之间横向联网,旨在建立扁平形"网状"一体化指挥体制。

2.指挥手段自动化、立体化

现代战场广泛使用的 C⁴ISR 系统正在向立体化发展,使战场指挥控制具有更高程度的自动化。在战略一级,美军有地下指挥中心、列车指挥中心和空中指挥中心,向空地相结合的立体化通用化方向发展,使战场指挥控制具有更高程度的自动化。

3.指挥方式综合一体化

现代战争诸军兵种联合作战,一方面需要高度的集中统一指挥,使广阔地区内的诸作战力量紧密协调,形成整体合力;另一方面又需要高度的分散,以便于防护和灵活、及时地处理战场情况。信息技术的发展解决了集中指挥与分散指挥之间的矛盾,实施"指导与宏观控制相结合"的指挥方式。一方面只按照总体目的确定各部队任务,给下级指挥员相当多的指挥自由;另一方面上级指挥员利用 C⁴ISR 系统中的侦察网和通信网可随时了解下级情况,跟踪下级行动,并能在特殊情况下调整部署,改变力量布局,形成新的作战态势,从而实现集中指挥与分散指挥的协调统一。

从近年来爆发的海湾战争、科索沃战争、阿富汗战争和伊拉克战争等几场高技术局部战争可以看到,随着以信息技术为核心的现代高新技术在军事领域的运用越来越广泛和深入,现代战争已经进入一体化作战的新阶段。海湾战争勾勒了一体化作战的雏形,战争中多国部队对伊军实施了多维联合作战,迅速占据了压倒性优势,取得了战争主动权。然而,由于信息获取、传输、处理和使用上存在的技术差距,这场战争还没有脱离传统的协同作战窠臼。科索沃战争和阿富汗战争进一步推动了一体化作战的发展进程。伊拉克战争标志着一体化作战新阶段的到来。美英联军通过网络化、自动化的指挥通信手段,把作战部队的作战要素和作战力量融为有机整体,成功地实施了一体化作战。

二、一体化作战要求必须对敌实施一体化打击

所谓对敌一体化打击,是指把拥有高技术武器装备之敌视为一个整体予以歼灭和打击。

（一）着眼于破坏敌整体结构

在现代战争中，敌对双方的对抗已不是以往那种单一军兵种或少数军兵种利用单一武器系统的对抗，而是由多军兵种、多部门和多种武器装备综合效能的整体对抗，是两个作战体系间的对抗。因为敌依赖其先进的军事信息技术形成先进的情报、监视和侦察系统，先进的指挥系统以及精确制导武器系统等，进而由多系统组成作战体系。所以必须着眼于信息化武器装备的特点，把作战对手看成是由信息化装备连接起来的体系，着眼于破坏敌人整体结构，找出这一体系或系统的重心实施攻击，使敌人的整个战争体系迅速瘫痪和瓦解。海湾战争中，美军着眼于瘫痪伊拉克的整个防御体，充分发挥其电子战、隐形飞机、夜间作战、空中力量等高技术装备的优势，对伊方实施有选择的打击，划定了重点摧毁关节点 12 个，其中包括伊军的领导与指挥设施，战略防空体系等。"关节点"打击瘫痪了伊军的防空体系和指挥、通信系统，大量摧毁伊军支撑战争的关键目标，从而破坏了伊军的整体作战体系。

（二）着眼于削弱敌整体效能

由于信息技术装备尤其是综合电子信息系统的广泛使用，战场上的情报、侦察、通信、指挥和控制，连成一个有机整体，构成了作战的"神经系统"。因此，全时空地对敌实施信息战，采取各种"软、硬杀伤"手段，削弱敌对战场信息的获取权、控制权和使用权。从而使敌方"感觉迟钝，神经系统紊乱，大脑反应迟缓"，大大降低其作战体系的整体作战效能。叙以贝卡谷地之战中，以军通过信息技术装备综合运用情报战、电子战、导弹战和综合电子信息系统对抗的手段，形成了战场上绝对信息优势，从而使叙军的综合电子信息系统瘫痪，其防空体系的防空效能大大降低。苏制的"萨母"—6 先进防空导弹系统失去往日的威风，未能击落以军 1 架战斗机。叙军却损失了 19 个防空导弹连和 80 架战斗机。

三、体系破袭是对敌实施一体化打击的有效途径

一体化作战是集指挥、控制、通信、"软、硬杀伤"于一体，诸军兵种在多维空间的联合作战。它具有信息主导、高度协同、全面保障的特点，其任何一个环节出了问题，必将影响到整个战局。通过体系破袭击其一点伤其整体将是一种重要的作战样式。着眼敌作战重心，瘫痪敌作战体系，打击敌重心，是美军作战理论的核心。美军著名的"五环理论"就是体系破袭的具体运用。

"五环理论"最先由美国空军上校约翰·沃登在 1988 年提出，沃登认为，在美军具有高技术空中优势的情况下，打击目标应首先选择敌人最脆弱的重心——统帅指挥机构和支撑战争的经济目标，破袭这两点最有可能取得决定性效果并迅速结束战争。基于这一认识，他提出了著名的"五环"理论，即用五个同心环来说明目标选择的理论。其基点在于：把敌人看做一个系统，系统由各个部分组成，从而形成一定的结构，系统中的各个部分因在系统结构中处于不同的位置而发挥不同的作用，必须针对敌方军政系统的各个组成部分的不同作用与地位来进行区分，进行打击目标的选择，其由内至外的打击顺序依次为：第一环为领导层环，也是最核心的一环，它包括军政领导层、指挥控制中心、防空预警系统等。第二环为系统关键要素环，是指支撑战争的关键经济目标，它包括国家主干企业，军工、石油、电力、化工等具有战争潜力价值的目标。第三环为基础设施环，包括道路、桥梁、机场等具有机动、战争物资输送价值的目标。第四环为民众环，即通过打击或收买来影响民众的精神心理状态。第五环为军队环，与传统军事理论明显不同的是，军队不再是被看做最重要的打击对象，而是将之置于最次的一环。

1991年海湾战争,美军开始部分实施"五环"理论,在预定打击的238类、1 250个目标中,把伊位克的军政指挥中心和军工、石油、化工等企业作为重点优先打击的目标。短时间内,伊军指挥控制体系瘫痪、通信中断、指挥失灵;军工、石油、化工等国民经济命脉严重受损,失去了持续支撑战争的能力。然后,美军又重点打击了伊军精锐共和国卫队。由于对空袭目标的精心规划,仅38天的空袭作战就使伊拉克既丧失了军事抵抗能力,同时经济崩溃,无法支撑战争,伊拉克整体经济实力倒退了20年,以致在2003年伊拉克战争中不堪一击。

1999年科索沃战争,以美国为首的北约空袭打击的顺序是:军政指挥中心、国家防空体系、关键经济目标、交通能源设施和武装部队。与传统作战不同的是,武装部队没有作为主要目标。连续78天的空袭,南联盟的军政首脑机关几乎全部被毁;重要经济目标、军工企业、化工企业所剩无几,经济基础和战争潜力几近崩溃,直接经济损失高达2 001亿美元,已无力支撑战争;干线交通全部中断,绝大部分油库和电力被毁,依靠动力运转的经济企业大多停产;民众正常生活无法保证,心理上受到极大冲击,再加上39%的广播电视设施被毁,南联盟的宣传动员能力下降,致使民心向背发生变化。因此,南联盟在军队有生力量损失不大的情况下不得不选择弃战求和。以美国为首的北约正是通过对南联盟"五环"中的重要几环的破袭,从而既赢得战争又节省了兵力、避免了不必要的损失。

四、导弹攻击是体系破袭的有效手段

与其他兵器相比,导弹的射程远、精度高、威力大、打击范围的可控性强。从进攻的角度看,导弹是实施战略、战役战术突击的理想武器,作为体系破袭的重要手段,有着其明显的作战优越性和实用性。例如,空地导弹的使用,使己方的飞机能在敌方防空火力区以外攻击地面目标;空对空导弹的使用,能够使导弹武器击中几十公里以外的空中目标;舰载、机载巡航导弹能够准确地命中几百公里、乃至数千公里以外的敌方目标;地地导弹部署在己方的战略腹地,平时充分准备,高度戒备,战时不需变更部署,既可以在固定预设的阵地上作战,也可以实施机动作战,使导弹的发射行动出其不意,攻其不备,从而达成作战的突然性。

在导弹体系破袭中,最重要的是打击目标的选择,选择导弹打击目标的原则是:破坏敌方的战略或战役指挥,削弱敌作战进攻力量,迟滞敌作战行动,破坏和瓦解敌战争潜力。通常,在战略、战役作战中,导弹武器应选择打击那些对作战全局影响较大、可以较大程度地鼓舞己方军民士气、较重地震慑敌方的战略或战役要害目标;在战斗中,导弹武器应重点打击那些对己方安全构成较大威胁的和对战斗进程和结局有着决定意义的要害战术目标。通常对于敌方的战略导弹基地、政治经济中心(大城市)、海空军基地、重要交通枢纽、军事工业目标、重要铁路、公路干线、重兵集团、战略预备队集结地和战略物资储存库等这些具有战略意义的目标应定为重点打击对象。

1982年英阿马岛战争期间,阿根廷舰队使用价值20万美元的"飞鱼"导弹在击沉英军价值达2亿美元的"谢菲尔德"号导弹驱逐舰后,又连续击沉"考文垂"号导弹驱逐舰和"大西洋运送者"号运输舰,从而对英舰构成重要威慑,使英军的两艘航空母舰始终不敢靠近马岛。阿根廷的"飞鱼"式导弹数量并不多,但由于阿军选择了正确的攻击目标,使处于弱势的阿军一度扭转了被动的局面。

海湾战争一开战,多国部队首先使用"战斧"巡航导弹攻击伊拉克的通信大楼,切断伊军C^3I系统的通信链,致使伊军通信中断,指挥陷于混乱。38天的空袭,多国部队以导弹空袭方式为主,重点打击并使伊拉克遭到摧毁或重创的主要有以下目标:26个重要指挥机构(含战略、战役层次的指挥机构),如总统府、国防部、空军司令部、南部军区司令部等;75%的地面作战指挥系统和95%的雷达站等;48个"萨姆"—2和"萨姆"—3固定防空导弹阵地;2座核反应堆;11个化学武器储备库;38个机场和68个飞机掩体;重要后勤补给基地和铁路、公路、桥梁等交通目标。在遭袭中,伊军丧失的重型武器装备有:各型作战飞机150架,作战舰艇57艘;坦克3 700多辆,装甲车2 000余辆,各种火炮2 140门。可见,导弹攻击不仅是对伊战略破袭的主要手段,在战术破袭也发挥着不可替代的作用。

第三节 现代战争纵深攻击的利剑

一、导弹武器是"纵深打击"军事战略思想的物质基础

导弹武器进入现代战场,未来战争行动可能会在参战各方的纵深范围内同时发生和展开立体作战。一是淡化了战场上的"远近观",以往进攻作战的从前沿突破,逐步向纵深发展的作战方式已被远距离"外科手术"打击取代。携带射程为上百千米甚至上千千米远程导弹的飞机,已不必进入对方防空火力网内进行投弹,而是在千里之外即可达成目的。导弹已经能够到达全球每一个角落,战场没有了远近,也就没有了前后方。二是战争初期的突发性增大,重要的军事、政治经济和文化中心及重要民用设施,都可能同时受到导弹武器的攻击。传统的前后方概念将被目标与非目标所取代,战争与和平之间差别更加模糊,甚至消失。精确制导的导弹武器,几乎到处都有,又无处不可到。高效的侦察手段几乎无处不知晓,攻击对方纵深目标,也就变得十分容易实现,陆、海,空地一体作战会变得像普通轰炸一样平常。基于以上原因,"空地一体"和"大纵深、全方位,高立体"军事战略思想应运而生。

一些外国军事评论家指出:具有明显时代特征的军事冲突和局部战争,时间短暂、规模有限、速战速决,较多地表现为突然性、急促性和低强度的高技术突击战。武器装备劣势的一方,往往还来不及反应,就会在对方强有力的导弹突袭之下很快溃败,掌握高技术导弹武器一方在迅速达到有限的战略目的之后收兵回营。军力相当的国家之间的战争,将会变得更为有趣,各型战略和战役战术导弹武器充斥着现代战场,"按电钮式"的战争和"捉迷藏"式的战斗将成为现实,依靠导弹武器与其他高技术武器的配合,全天候、全方位、全高度的攻击能力和航空导弹的下视下射能力的具备,便形成了"纵深打击"和"空地一体"军事战略思想的物质基础。

从世界范围内近几年局部战争的战争实践看,导弹武器都在打击对方纵深的重要经济和军事目标中发挥了重大的作用。随着拥有导弹武器国家的增多,在未来战争中,导弹武器以其优越的作战性能,其作用和地位将更加凸显,成为当前和今后相当长的一段历史时期内实施战役纵深突击最有力的武器。

二、导弹攻击战已成为纵深联合作战的有效战法

从海湾战争中可以清楚地看到:导弹已成为现代战争中的主战武器之一。交战中,伊拉克先后向多国部队、沙特和以色列发射了81枚导弹,并多次扬言要用导弹投射大威力的化学武器。此举对多国部队和以色列造成了很大的震慑,美、英等国一方面以化学武器甚至以核报复对伊拉克进行威胁,另一方面,以15%的空中作战力量对伊拉克的"飞毛腿"导弹进行重点打

击,并紧急部署了"爱国者"防空导弹武器系统。"飞毛腿"导弹成为伊拉克的主战武器。许多军事学者认为,高精度的常规导弹将成为现代"空地一体"作战的一支纵深打击力量,必要时也可以承担部分核武器的运载任务。前苏联的 SS—21、SS—22、SS—23 等地地导弹,早已装备了常规弹头,可以承担联合作战中打击纵深目标的任务。因此,在当前积极地发展常规导弹武器和技术已成为许多国家的行动。

美军把海湾战争作为"空地一体"纵深作战理论的一次实战检验,从战争一开始就把各种火力指向了伊拉克国土的纵深目标,并把巴格达、巴士拉等重要城市目标作为突击的重点;而伊拉克也把导弹对准了位于沙特纵深的首都利雅得和以色列的首都特拉维夫等目标。由此可见,现代战争中谁想取得并保持战争的主动权,就应力争把作战行动引向敌方的纵深,使己方能够在战场的全纵深影响和控制战局。美军的"空地一体"作战理论,十分重视在联合作战中首先攻击敌方的空军基地,而主要手段,主张使用具有较大射程的导弹武器。前苏军的作战理论也认为,在未来的联合作战中,将利用其拥有的导弹武器,首先一举使敌方的机场、导弹阵地以及指挥系统等陷于瘫痪。由此可见,在未来的联合作战中,谁的手中掌握了先进的导弹武器并加以科学地运用,谁就能够把握纵深作战的主动权。

在联合作战中,为了集中火力和增强导弹突击的效果,往往要机动兵力和火力。导弹射程远,可以有效地弥补兵力机动的不足。在战时,可以不担风险地不过多调整部署就能够对敌方的纵深目标发起突然、猛烈的突击,从而增大了作战行动的突然性,而这一点恰恰是现代战争所最需要的。

海湾战争中.多国部队对伊拉克发起空袭时,从美军舰艇上发射的 54 枚"战斧"巡航导弹远距攻击 1 000 多千米,B—52 轰炸机是从"不远万里"的美国本土起飞,在到达距攻击目标约 800 km 的地中海上空发射巡航导弹。由于多国部队大量采用超视距纵深打击手段,使远战能力相对较弱的伊军鞭长莫及,丧失了还手之力。在 43 天的作战中,有 38 天是远距离空袭作战,地面作战仅 100 h,几乎没有出现过双方长时间短兵相接的决战场面。

科索沃战争初期,北约的 400 架作战飞机中的 350 架和 6 艘美国海军战舰、一艘英国潜艇全部配备了各种导弹。仅在首轮第一波次攻击行动中美英在亚得里亚海上的"莱特湾"号导弹巡洋舰、"冈萨斯"号导弹驱逐舰、两艘攻击潜艇等 7 艘舰只就发射了约 60 枚"战斧"式巡航导弹,同时 8 架从英国费尔福特基地起飞的 B—52 重型轰炸机也向南联盟境内发射了约 40 枚 AGM—86C 空射巡航导弹。北约在头一个月的空袭中发射了各种导弹 2 000 多枚。这种非接触性远程纵深精确打击不但使北约无一人伤亡,还使南联盟很难积极有效抗击,甚至使南联盟几乎无还手之力。通过此次战争,北约方面看到了这种整体纵深打击方式的巨大优势,认为这种打击方式应作为以美国为首的北约今后的主要军事打击方式。在未来作战过程中,大量集中使用导弹武器,并进行科学的运筹,这将是进行纵深联合作战的有效战法。

三、高效的 C^4ISR 系统是导弹纵深攻击作战的可靠保障

立体化 C^4ISR 的系统,使作战反应敏捷,战场指挥实现自动化。以成像传感器、雷达、计算机、微电子设备和航空航天器为基础的海陆空天一体化指挥控制网,可以实现远距离测距、监视目标、自动化战场管理等,能够使指挥员及时地掌握战场情况,适时捕捉战机,迅速组织有效的攻击力量实施打击。

(一)远距离的侦察和传感手段,为导弹纵深作战提供了目标保障

导弹纵深打击效果,除武器的射程与精度外,起决定作用的是发现、识别、控制目标的能力。先进的遥控器和各式侦察手段,特别是侦察卫星、预警卫星和导航卫星的广泛应用,使战场的透明度大大提高,几乎达到了军事目标无藏身之地的地步,为远战提供了精确的射击诸元或发射坐标。计算机控制的探测器材,使数据处理能力、图像放大和显示清晰度得以极大的提高,使作战平台的探测距离提高 5 倍,测距离和探测的信息量扩大 25 倍,使单个作战平台具有超视距搜索目标、识别目标和跟踪目标的能力。卫星的全球搜索目标、全球定位、全球导航能力,为各式制导导弹的超视距纵深打击提供了精确的目标保障。

伊拉克战争中,美军动用了几乎所有高技术探测手段,建立了天、空、海、陆一体化全维探测网。除在外层空间构成庞大的卫星监视网外,空中同时有低空、中空、高空三个层次的各种侦察飞机对伊军阵地进行扫描,地面上也部署了大量传感器。正是借助全维的探测网,美军夺取了不对称的信息优势,并将其转化为不对称的火力优势,随心所欲地实施远程打击。不但使得伊拉克空军无法作战,地面部队也不敢大规模集结,陷于被动境地。

(二)数字化通信和指挥系统,为导弹纵深协同作战提供了强有力的协同保障

超视距的整体打击效果,取决于各种远程打击力量的密切协同。在高技术战场上,军事通信数字化、信息交换程控化、通信管理自动化、通信器材智能化,导致了通信技术的深刻革命,使全球性通信网络得以建立。系统从战略、战役级逐步普及到战术级,特别是数字化部队的建立和实现横向技术一体化,使战场指挥接近实时化程度。近实时的信息处理和传输,可使各种远程作战兵力兵器与作战系统之间在目标识别、情报、跟踪、火控、指挥、攻击和毁伤评估等方面达成信息共享,进而形成整体力量实施远战。海湾战争中,长时间的多国诸军兵种联合作战,各种武器装备在远距离上协调一致的行动,很大程度上归功于指挥、控制和通信系统的效能。

(三)高效的 C⁴ISR 系统大大提高了导弹远程攻击的适时性和有效性

海湾战争中,信息在指控链中需经过数小时或数天的传递后,指挥官才能下达攻击命令,美军从发现到攻击目标需要 3 天,若临时发现目标时很难及时调整攻击计划。科索沃战争中,这一时间缩短到 2 h,使得相当一部分突击任务可以在发现目标后重新调整。阿富汗战争时这一时间进一步缩短到 19 min,攻击的实时性大大提高。而在伊位克战争中,美军借助灵敏高效的数字化网络结构将信息收集、指挥控制与通信、火力打击三大系统融为一体,将侦察发现目标、形成作战指令到打击摧毁目标的时间控制在了 10 min 以内。

在海湾战争和科索沃战争的空袭行动中,美军飞行员都是根据预先确定程序实施火力打击。正是这一传统做法,导致美军在对阿富汗首轮空袭之后,虽然一架装备有两枚反坦克导弹的"捕食者"无人驾驶侦察机发现了奥马尔的车队,但由于没有得授权,未能及时开火,延误了打击时机。事后美军充分汲取教训,全面加强了对战争的实时控制指挥。通过 C⁴ISR 系统将在战场上执行侦察任务的侦察飞机、无人侦察机、战斗机、攻击直升机与战场指挥中心、本土指挥中心建立直接联系,战场指挥中心和本土指挥中心可以随时接收获取的战场情报,并及时发送指令,控制无人侦察机上的导弹对目标实施攻击。11 月 16 日凌晨,美军一架"捕食者"无人侦察机发现敌一支车队,位于美国本土的美军指挥中心迅速判断:该车队可能是本·拉登"基地"组织的部分成员。随即一边控制无人侦察机继续监视对方行动,一边指挥在空中待命的无人侦察直升机立即向停车场内的汽车发射两枚"地狱火"导弹;同时 3 架 F—15 战机接到指令后迅速升空,很快3枚GBU—15"灵巧炸弹"准确命中他们所住旅馆。此次空袭,正是由于攻击适时性和制导武器精确性的有机结合,使得本·拉登的得力助手穆罕默德·阿提夫等近百名恐怖组织人员被炸死,从而大大加速了阿富汗战争的进程。

第四节　达成特定作战目标的主要方式

一、导弹武器使超视距、多模式、多目标的精确打击成为现实

导弹武器射程远、精度高、毁伤能力强。导弹射程在 $10\sim10^4$ km 范围,各类射程齐全,战役战术导弹射程在 $10^2\sim10^3$ km 范围,巡航导弹的射程达 3 000 km,洲际弹道导弹可攻击全球任何一个角落;导弹命中精度比普通非制导弹药提高 $10\sim100$ 倍,近程战役战术导弹命中精度已达 0.1 m,远程战役战术导弹命中精度可控制在 50 m 以内。导弹战斗部从几万吨当量TNT 到上千万吨 TNT 当量均有,可根据不同的作战任务,采用核、生、化和常规弹头,攻击敌方的人员集群、机场等战略软硬目标。由于导弹武器精度的提高,再加上广泛采用新的弹药技术,使毁伤能力扩大数十倍、百倍,乃至发生质的变化。有人做过计算,越南战争期间,10 架普通型飞机轰炸 1 个月的战绩,需要现在 1 架不带先进导弹的飞机在 1 周内取得,而使用了"打了不用管"的高性能导弹武器后,也就是 1 枚导弹从飞机上发射出去便能达到战果。

导弹射程的增大,使其具有覆盖和打击战场全维空间的超常作战能力,而射击精度和毁伤效能的增强,使常规导弹弹头具备了单独摧毁点目标的能力。现代战场,在 C^4ISR 系统的支持下,战场预警、监视和目标搜索系统控制距离越来越远,指挥控制适时性越来越强,因此,导弹武器能够实现"侦察到的目标就能够打击,打击就能够摧毁"。海湾战争期间,多国部队向伊拉克发起首次突击时,美军只使用了 1 枚"战斧"式巡航导弹就将伊拉克首都巴格达的电信大楼摧毁;而在伊议会大厦被导弹彻底炸毁的同时,距离其仅 200 m 的拉希德饭店却完好无损;科索沃战争期间,北约部队从几千千米之外发射"战斧"式巡航导弹,能准确地识别对方的掩体,并破门而入将其击毁,而不损伤别的目标。由此可见导弹武器的高打击精度和高毁伤能力。

二、导弹作战可以独立达成一定的作战企图

高技术导弹武器作战,使得"有限战争""可控战争"作为一种军事理论把现代局部战争推向新的历史阶段,导弹作战可以独立实现一定的作战目标。

在 1998 年美英对伊拉克的"沙漠之狐"的军事打击中,巡航导弹成为第一轮空中打击的主角,美军破例第一次在独立空袭战役的一个重要阶段全部使用巡航导弹,从而形成导弹战局面。这种远程突袭直接达到了避免两军面对面的交战、减少美军伤亡、开辟大规模空袭通道的战役目的。

两伊战争期间伊拉克对伊朗的导弹"袭城战"是直接通过导弹作战达成战略企图的典型例子:两伊战争进入第八个年头时,伊朗一直处于战略上的主动地位,它占领了伊拉克 3 000 km² 的领土和 10 个海岛,拒不接受联合国 598 号决议,并提出了使伊拉克难以接受的苛刻条件。为此,伊拉克为了显示军事实力,精心策划了对伊朗的导弹"袭城战",对伊朗的重要城市进行了连续猛烈的打击,伊朗难以招架,其外交部致电联合国,表示愿意考虑接受 598 号决议,可是

伊拉克认为还没有达到预期效果,不能给伊朗以喘息的机会,反而以更加猛烈的导弹突击打击伊朗,从而顺利地实现了伊拉克"以炸逼和"的战略企图。

三、导弹攻击是"外科手术式"作战的重要手段

"外科手术"式作战,是指进攻方凭借先进的技术装备,以航空兵兵力和陆、海军远程打击兵器为主,从空中打击敌国要害或敏感目标以显示力量,在政治上迫敌就范,起到警告、震慑和惩罚对手的作用。"外科手术"式作战以最有效达成国家特定政治、军事目标为最高目的,以空中力量为主体,以现代高技术航空航天武器装备为主导,以国家要害目标和作战系统关节点等为打击重点,以迅速、精确、突然的空中突击与远程精确打击为主要手段,是现代战争空袭作战的主要样式。

(一)现代局部战争目的的有限性,使"外科手术"式空袭作战成为最佳选择

从世界范围来看,现代局部战争或武装冲突中作战双方所要达成的最终目的,除占领与驱逐外,更多的是在战争进行之中造势制敌、威慑止战,以求达到惩罚效果或在随后的谈判中能够占据有利地位,已从传统的直接杀伤人员、掠夺资源、侵占领土为主,转向以征服意志、谋取既定利益为主,控制规模、减少伤亡、缩短进程已成为谋划现代战争的基本要求。因此,作战的基本方式,已从大面积的饱和轰炸,转为精心选择关系全局和具有战略价值的政治中心、重兵集团、重要基础设施,以及指挥、通信、交通枢纽等关键要害目标实施"点穴"式精确打击,并力求减少附带损伤。从而对敌国的战争决心、战争潜力以釜底抽薪,以图达到"牵一发而动全身"和"小战而屈人之兵"的目的。这种通过"小战"公开显示力量的方式可以在战略、战役、战斗3个层次上创造有利于己不利于敌的战争形势,从而掌握局势逼敌就范。

现代条件下的空袭作战具有打击精度高、人员伤亡少、作战节奏快、政治威慑力大等特点,能够灵活地配合政治、外交斗争需要等特点。而"外科手术"式空袭作战与其他作战样式相比,可控性、灵活性、速决性和非接触性更强,更适应现代局部战争的需要。因而,拥有军事优势的一方,往往仅通过"外科手术"式空袭作战就能够直接强制性地实现战略意图。正因如此,在近十年所发生的26场较大规模的局部战争和武装冲突中,以"外科手术"式空袭作战作为达成战争目的的主要手段或唯一手段的就有16次之多。

(二)高技术导弹武器是现代战争"外科手术"式空袭作战的主要兵器

第二次世界大战中,交战的双方都曾把大规模的空袭行动当做直接实现战略目标的重要方式和手段而广泛采用。但由于当时的作战飞机航程短、载弹量小、机载武器威力和命中精度都有限,更没有射程远、精度高、威力大的导弹武器,所以试图应用空中力量实施大规模空袭行动来独立实现战争的目的是难以做到的。如英国空军从1940年起,就力图通过轰炸来摧毁德国和意大利的军事和经济基础,摧毁其民心和士气,从而达到加速战争进程的目的。1942年8月,美国空军积极参与英国空军对德国空袭的战略行动。可是,一直到1944年6月盟军在诺曼底登陆时,德军并未因遭受美、英空军连续3年多的战略空袭而丧失地面作战的能力和意志。导弹武器因其独特的性能,自然成为现代战争空袭的主要兵器。

1.导弹远程作战能力强

目前,导弹武器的射程在 $10\sim10^4$ km 范围,足可以覆盖全球。仅以巡航导弹为例,美军现役巡航导弹射程已达到 3 700 km,俄罗斯已达到 5 000 km,射程在 8 000 km 以上的巡航导弹也正在研制中。加之空袭作战平台的远程机动,导弹空袭已具备全球到达、全球交战能力。

2.导弹综合作战能力强

导弹空袭已由单一地面平台作战,发展为包括空中、水上、水下多种平台作战,从而使作战手段的选择范围扩大,综合作战能力提高。

3.导弹毁伤能力强

运用多种控制方式的精确制导武器可准确攻击目标,多种毁伤机理的空袭弹药可有效打击不同类型的目标,从而使空袭作战效能空前提高。

4.导弹突防能力强

通过采用隐身、变轨、多弹头等技术手段使得导弹武器的突防能力大幅度提高。

科索沃战争通过"外科手术"空袭达到战略目标的典型战例,在战争中,各式导弹武器争相亮相战场,在空袭中发挥了不可替代的主要作用。以巡航导弹为例,在第一轮空袭中发射了约100枚"战斧"巡航导弹和40多枚AGM—86C空射巡航导弹,整个78天的空袭共发射了1 300多枚巡航导弹。巡航导弹不仅首先使用,而且全程使用。

(三)导弹攻击是实施"点穴"式精确打击的有效作战方式

所谓"点穴"式精确打击.就是集中使用精确制导武器对敌要害目标实施有重点的高强度突击,强调准确发现和确定目标,进行正确的指挥与控制,实施精确高效的打击,力争以最小代价、最短时间达成作战目的。

打击效力是决定作战效益的关键。它取决于两个因素,一是打击精度,二是毁伤能力。"高精度、高效能"打击武器是提高打击精度和毁伤能力以取得高作战效益的重要手段,是以美国为首的西方国家一直追求的作战指标。美军认为:依靠高效的C^4ISR平台,运用高技术导弹武器,通过陆、海、空军各种兵器和大机群的导弹协同作战,可以迅速达到预期的战略目的,并可以像做外科手术那样,进行快速局部处置。

(1)通过精确探测,及时准确发现目标。美军有一整套由太空卫星、侦察飞机等组成的高效能探测手段,范围可达目标国的大部分战略、战役目标,距离可达数百千米至数千千米。

(2)精确确定目标的方位。科索沃战争时,美军在战前一年多即对各类目标进行定位,为开战后实施空中打击提供了保障。

(3)精确摧毁。海湾战争中多国部队所用弹药中精确制导弹药占8%,科索沃战争占38%,伊拉克战争为90%,其精确制导弹药基本是导弹。以巡航导弹为例,海湾战争中第一天发射巡航导弹106枚,共使用了288枚;"沙漠之狐"行动中仅首次攻击便使用了260枚,4个夜晚共用了560枚;"联盟行动"中共使用了近3 000枚。伊拉克战争一开始美军就进行了空前猛烈的空袭作战。在短短数小时内美军共共发射或投掷了精确制导弹药1000多枚。以各型导弹武器为主要代表的大量精确制导武器在战争中的使用,大大提高了精确打击、精确摧毁的效能。

(4)精确评估,及时收集战场情况,快速评估打击效果,为下一步精确打击提供决策支持。

导弹精确打击具有距离可控、目标可选、手段可调等特点。距离可控指精确打击的距离可以根据作战需要,进行有效的控制,既可近距离攻击,也可远距离打击,具有很强的可控制性;目标可选指先打谁、后打谁、重点打谁,有能力进行选择,从而彻底突破了传统的"战线"和"战场"的概念;精确打击指打到哪里,哪里就有战线,哪里就变成战场;手段可调指可根据需要对打击手段和使用武器进行调整、组合,以形成最佳作战能力,例如,可使用空中、海上、地面的不同发射平台,以增强打击效果,还可根据不同目标,使用不同弹头打击。精确打击增大了作战的突然性、破坏性,从而最大限度地实现了"外科手术"式空袭作战的双重杀伤功能,即不仅摧毁目标,而且造成心理震慑。

四、导弹攻击是"斩首"攻击作战的重要手段

"斩首"攻击是一种传统的战法,"射人先射马""擒贼先擒王""打蛇打七寸",这些都是传统"斩首"攻击的直接体现。现代战争中的"斩首"概念是由英国的军事理论家富勒提出的,第一次世界大战后期他提出攻击敌方指挥系统为首要目标的"瘫痪"攻击,亦称"斩首"攻击,形象反映了这种思想。美国空军上校约翰·沃登在其"五环理论"中进一步发展了这一思想,1988年他在所著《空中战役——制订计划准备战斗》一书中,提出了关于空袭目标选择的两个重要观点:一是"重心在计划工作中是重要的"。因为"重心"指的是敌人最为脆弱之点,突击该点最有可能取得决定性的效果。二是"指挥是真正的重心"。按照这个理论,他认为,敌方领导层及其指挥通信系统是打击的核心、是内环,其功能和构成决定了它是整个作战系统中智力、技术和信息最为密集的要穴部位,但同时也是作战能力和自我保护能力最弱的部位,因此历来是兵家追求的首选打击目标。

(一)"斩首"攻击是现代战争强军对弱势之敌的首选战法

信息化战争中,战场的透明性和信息化武器的高精确度、高毁伤性,使掌握信息优势的一方具有集中优势兵力,击溃对手领导层的决心和实力。美军认为,如果通过摧毁核心环而不需要对外围各环进行打击就能快速达成战争目的,必然节省大量兵力兵器,而且也可在政治、外交和军事上获取主动。美军的"斩首"战术在近几场局部战争中多次使用,已成为对敌作战的基本战法,"斩首"攻击已成为一个战役阶段和独立的作战样式。1986年4月15日,美空军在远程奔袭利比亚的"黄金峡谷"行动中,对卡扎菲的住所发射2 000磅GBO—10激光制导炸弹,准确地命中阿齐齐亚兵营卡扎菲的二层小楼,卡扎菲的干女儿被当场炸死;在1991年的海湾战争中,美国人专门研制了两枚能穿过6 m厚钢筋混凝土的炸弹GBU—28,并把它们投在了一个怀疑萨达姆藏身的地下掩体中;1999年3月24日晚9时,科索沃战争的首轮空袭,南联盟总统官邸、社会党总部大楼、南联盟国防部、内政部,武装警察总部,空军和防空军司令部与指挥中心,预警雷达网,空降兵总部,第1、第2以及第7集团军司令部及所属旅级部队司令部都遭到了精确制导武器的轰炸。

(二)导弹武器是"斩首"作战的主要兵器

"斩首"行动要获得成功,必须能够迅速获得打击效果,对敌造成致命性打击,不然就失去了打击的目的和意义。导弹和精确制导弹药的高精度和高毁伤性,决定了其成为"斩首"打击的首选兵器,其中俄罗斯长期追剿未果的车臣共和国第一任总统杜达耶夫就是被俄罗斯的反辐射导弹命中身亡的。

阿富汗战争期间,美军利用一切手段对奥马尔、本·拉登以及"基地"组织其他首领进行"斩首"攻击,终于在11月16日凌晨发现了本·拉登"基地"组织的一支车队,很快,无人侦察直升机发射的两枚"地狱火"导弹和F—15战机的投下的3枚GBU—15"灵巧炸弹"准确命中目标,基地组织二号人物穆罕默德·阿þ夫被炸死,从而大大加速了阿富汗战争的进程。

伊拉克战争,美军认为,同样数量的弹药扔在巴格达市中心或城市外围的伊军防御阵地上,无论造成多大的摧毁效应,都不可能对其政权构成震慑,如果把炸弹扔在萨达姆的身边并将其炸死,必将发挥巨大的战略效能。为此,美军直接把攻击的矛头指向伊军的领导层,即萨

达姆本人及其领导核心。在没有对伊进行大规模空袭、取得绝对空中安全走廊的情况下,美军选择了主要使用巡航导弹对敌实施"斩首行动"。在首轮空袭中,从海上发射了 45 枚巡航导弹,出动 F—117 隐形战斗机投掷了 4 枚精确制导炸弹,对位于巴格达郊外的伊领导人地下隐蔽所、萨达姆住宅及其亲属和高级助手的住地进行了突然的"斩首"攻击。可以想象,如果"斩首"攻击成功,一举除掉了萨达姆及其领导集团,伊拉克战争的进程和规模必将发生质的变化。

第五节 对敌形成震慑作用的重要途径

一、导弹攻击的震慑作用往往大于实际杀伤效果

第二次世界大战后期,1944 年 9 月至 1945 年 3 月,纳粹德国共发射 4 320 枚 V—2 型导弹,袭击英国和欧洲大陆的重要城市,给盟国国内市民造成了巨大恐惧,严重地影响了盟军的作战部署,为了摧毁德军的导弹发射阵地,盟军付出了损失飞机 450 架、伤亡空降兵 17 000 人、飞行员 2 900 人的代价。虽然 V—2 型导弹并未能挽救德国必须战败的命运,但却首次充分显示了导弹作为战略武器的具大震慑力量。

在许多情况下,导弹武器突出的"软杀伤"即心理威慑和震撼作用大于"硬杀伤"的作战效益,而分散地发起攻击使对方弄不清何时何地遭到导弹袭击,不得不全面防范,从而分散了敌方的作战注意力,不得不以较大的精力用于防护,从客观上分散了进攻的精力,削弱了进攻的火力与火器。

海湾战争期间,尽管伊拉克导弹数量不多,杀伤能力更是有限,但却对多国部队及其同盟国家造成了极大的震慑作用,牵制了多国部队大量的精力和兵力。战前,伊军多次声称他们的"飞毛腿"导弹具有装载核弹头和化学弹头的能力。核化武器威胁的阴云始终笼罩着这一地区。为此,海湾各国争相购买防毒面具和防毒衣,一些国家纷纷进行全民防化演习,以色列和沙特甚至将防化器材发给每一个居民。伊军在受到多国部队空袭 24 小时后就开始兑现其战前的威胁承诺,向以色列首都发射了 8 枚地地"飞毛腿"导弹,并向沙特阿拉伯发射了 5 枚导弹,给以色列和沙特国内造成了极大恐慌。为避免导弹攻击把以色列拖入战争,美国立刻声称要倾注全力把伊拉克的"飞毛腿"导弹基地全部摧毁,英国也马上表示:摧毁伊拉克"飞毛腿"导弹发射装置是多国部队目前的首要目标。为此,多国部队调集了大量空中力量开始搜寻、轰炸伊军导弹基地和发射装置,仅 19 日美军就出动 80 多架飞机寻找隐藏在伊拉克西部沙漠中的移动式导弹发射装置。

二、导弹攻击是现代战争"震慑"作战的主要力量

现代意义上的"震慑"战略思想发端于 20 世纪 90 年代中期。以美军退役海军指挥官厄尔曼为首的 7 名退役将军在 1996 年提交了一份题为《"震慑":迅速取得支配地位》的报告,报告主要包含三方面内容:一是未来战争不再强调摧毁敌人的兵力,而是要把重点转移到削弱敌人的战斗意志上来;二是实现作战意图的重要手段是美军具有震慑力的新技术武器特别是远程精确打击兵器;三是在新的作战行动中无需大规模投入兵力,只要少量精锐部队即可实现作战目的。美军认为:震慑的本意是震撼与威慑,其核心是不战而胜,起源于不战而屈人之兵的威慑理论。威慑的基础是实力,只有通过强大的实力和实战震慑,才能迫使对方不战而降。震慑

依赖于瘫痪,瘫痪源于信息战装备和精确制导武器的合理使用。由此可见,精确制导武器是震慑作战的主要兵器,而导弹武器是精确打击特别是远程精确打击的主要力量。震慑包括两个方面的内容。

1. 软震慑

软震慑主要瞄准敌人的心理防线和认知体系进行攻击,侧重于心战震慑,包括政治战、外交战、心理战和信息战等。其主要通过诋毁对方领导人和政府、宣传己方武器装备的巨大威力和取得的战果、宣扬战争的惨烈和血腥、制造战争恐怖景象、破坏平民百姓的日常必需品和赖以生存的基础设施等方式,使对方畏惧战争、厌恶政府,从而产生投降、不抵抗的念头和推翻现政权、早日结束战争、恢复平静的生活的想法。

2. 硬震慑

硬震慑侧重于斩首突击、精确打击、地面突袭和特种作战等:

(1)使用电子战方式摧毁对方的电磁辐射源,使之成为瞎子、聋子、瘫子,处于任人宰割的被动状态。

(2)使用空袭战方式摧毁对方的关键性目标,重拳猛击,打敌重心,始终保持压力,而且边打边看,达不到目标就炸。

(3)使用地面战和特种作战,直接构成心理震慑。而导弹攻击是电子战特别是空袭作战精确打击的主要方式。

科索沃战争北约直接通过空袭达成战争目的,可以说是"震慑"理论在实际战争中最充分地运用,而导弹攻击是达成本次战争作战目标的重要手段。北约使用近、中、远程各型导弹,通过舰载、空载等多种作战平台对敌实施了防区外非接触性精确打击,导弹武器成了这场战争中的主导武器。以巡航导弹为例,整个战争期间,北约共发射巡航导弹 2 000 多枚。在三个阶段的作战中,前两个阶段都是使用巡航导弹打头阵。而在第一阶段的首轮空袭中,被北约发射的"战斧"巡航导弹和 AGM—8C 空射巡航导弹击中的重要军事目标就达 40 余个,占北约首轮空袭目标的 90% 以上。

伊拉克战争中,为达到速战速决的效果,在 3 月 21 日对伊拉克领导人及其指挥机构的"斩首"行动未获成功后,为造成伊拉克立即失去抵抗能力的震慑效果,瓦解伊拉克政权和伊拉克军民的抵抗意志,3 月 22 日,美英空中力量突然开始执行"震慑行动",对伊拉克实施猛烈空中打击,24 小时内,美军从 30 多个基地和 5 艘航空母舰上共出动 2 000 架次的飞机和发射了 500 多枚"战斧"式巡航导弹,仅使用"战斧"式巡航导弹就是海湾战争一个多月空袭的近 1 倍。

第四章 制胜之盾——导弹防御

第一节 战略平衡反制之盾

世界上第一枚弹道导弹问世于第二次世界大战末期,1944年纳粹德国用刚研制成功的"V—2"导弹袭击了英国伦敦,从此揭开了导弹用于实战的序幕。一种新式进攻武器的出现,必然会推动相关防御武器的发展。为了抵御德国导弹的进攻,英国科学家随即开始了导弹拦截系统的研究,因受限于当时的科技水平,最终未能成功,但取得的研究成果为研制现代反导防御系统打下了基础。

第二次世界大战后,世界上形成了以美、苏为首的两大政治、军事集团,为谋求双方在战略上的平衡,建立制衡战略核导弹的有效力量,两者纷纷开始发展和部署各自的导弹防御系统。"导弹"与"导弹防御系统"的关系,恰如"矛"与"盾"的关系,既相互对抗,又相互促进。半个多世纪以来,导弹防御系统在美、苏(俄)激烈的军备竞赛中得到了迅猛发展,并随着世界格局的变化,美、俄"导弹防御系统"的发展计划也作了多次重大变更。

一、美国"星球大战"计划

1983年3月23日晚,美国总统里根以《和平与国家安全》向美国观众发表电视演说,宣布国家将制订一项长期的研究、发展计划以消除由苏联战略核导弹造成的威胁。随后,美国国防部成立了以美国前国家宇航局局长詹姆斯·C·弗莱彻为组长,有50多位著名科学家和工程师组成的"未来安全战略研究组",并制订了一项称为战略防御倡议的反弹道导弹研究计划,即所谓的SDI计划,俗称"星球大战"计划。

"星球大战"计划的作战对象是苏联。它设想在未来的世界核大战中,苏联可能将成百上千枚战略导弹倾泻到美国国土上,而美国防御系统要在敌方导弹发射后不久就使用各种新型、高效的拦截武器进行拦截和摧毁,通过多种手段和多层次的有效拦截,使各战略核导弹在到达美国或其盟国的国土之前就被拦截或摧毁,以确保美国和其盟国免受核大战的灭顶之灾。"星球大战"计划的目标可归纳为以下3点。

(1)拦截并摧毁所有来袭的战略导弹,以保卫整个美国国土的安全。

(2)拦截并摧毁袭击美国盟国的中近程导弹,以保卫其盟国免受核大战的灭顶之灾。

(3)在来袭导弹飞行的初始阶段对其进行拦截并摧毁。

(一)"星球大战"计划拦截作战的总体构思

1985年1月3日,美白宫发表的《总统战略防御计划》文件中,对拦截作战的总构想作了如下表述:"美国确认并使用已有的各种防御技术,采用多层防御手段,在来袭导弹飞行的各个阶段击毁它们。有些导弹可以在刚刚起飞后,在它们启动引擎并将弹头推入到空中时予以摧毁,接着我们可以摧毁那些在推进阶段中幸存下来的核弹头,方法是在推进阶段后袭击它们,对于那些已释放和幸存的弹头在其空间飞行的十几分钟内,我们必须找到、确定并击毁它们。最后,对于那些避开了上述多层防御的弹头可以在最后阶段,在它们行将结束其航程时予以摧毁。"

这便是"星球大战"计划设计者们对于未来针对大规模核袭击时拦截作战的总构想。针对上述弹道导弹的 4 个飞行阶段,"星球大战"计划的设计者提出了以下 4 个层次的防御设想。

1. 助推段拦截

这一段拦截要求在来袭导弹发射后 5 min 左右的时间内尽可能多地将来袭导弹摧毁在助推段中,这是重点设防的拦截段。这一段拦截的成功对整个反导防御作战的成功具有决定性的意义。

当运行在地球同步轨道上的红外预警卫星探测到敌方洲际弹道导弹的飞行尾焰时,卫星控制系统立即将该信息传给瞄准和跟踪系统,该系统便使用激光雷达瞄准跟踪来袭导弹,然后使用天基超高速火箭(动能武器)、天基激光武器和粒子束武器、天基轨道炮等武器进行拦截。

设想在 550 km 高的轨道上部署 432 颗卫星,每颗卫星携带多枚超高速火箭,用常规小型弹头摧毁目标。在高 1 200 km 的轨道上部署 24 或 54 颗卫星,由星载的 X 射线激光器摧毁来袭导弹。在高 2 000 km 的轨道上,设置 100 个轨道炮发射平台,每个发射平台可在 2 min 之内发射 500 枚质量均为 2 kg 的塑料炮弹,这些塑料炮弹将以每秒几十千米的速度与来袭导弹相碰撞,运用动能将其摧毁。

2. 末助推段拦截

此段主要拦截正在释放突防装置和多弹头的来袭弹道导弹,摧毁来袭弹道导弹弹头的母舱或分导以后在外层空间飞行的子弹头。首先由天基红外探测器、可见光探测器或成像雷达捕捉目标,然后用激光雷达瞄准和跟踪目标,最后用定向能武器摧毁来袭导弹。

其整体构思为:在高轨道的空间站或卫星上设置高能激光武器或中性粒子束武器,直接摧毁来袭导弹。或在地面上设置激光武器,同时在高轨道的太空上设置直径为 30 m 的巨型抛物面反射镜,一旦收到来袭导弹发射的信号,地面站立即向太空反射镜发射激光束,太空反射镜把重新聚焦后的激光束反射瞄准来袭弹头并将其摧毁。

3. 中段拦截

此段主要在多弹头分导以后,在真空自由飞行的中段实施拦截。与末助推段类似,首先由天基红外探测器、可见光探测器或成像雷达捕捉目标,然后用激光雷达瞄准、跟踪目标,最后用天基粒子束武器、轨道炮、地基大气层外红外寻的非核拦截弹摧毁来袭导弹。

实施中段拦截既可以利用部署在高轨道发射平台上的动能武器或中性粒子束武器摧毁来袭导弹;也可利用飞机或在低轨道上部署的作战平台、空间载人运载器,发射以超高速火箭为动力的自动寻的拦截导弹,令其在预定高度上形成密集弹幕,然后每个弹头打开成伞状,伞骨直径约 5 m,通过伞肋上面的金属重物直接和来袭导弹相撞,以击毁来袭导弹。

4. 再入段拦截

此段主要拦截那些突破了前三层拦截系统,再入大气层后的来袭导弹,其拦截高度为 80～100 km 或 9～15 km。首先通过机载红外探测器和机载雷达捕捉住目标,然后用红外寻的器进行瞄准和跟踪,最后通过地基高速火箭、地基激光武器、轨道炮、地基粒子束武器等进行拦截。

设想通过地基发射高速近程导弹,在预定高度爆炸以击毁来袭弹头;利用部署在保护目标周围的火箭,推进非爆炸性弹丸,通过齐射方式将成千上万个弹丸送入拦截高度,以阻拦来袭弹头。在地基轨道发射质量约为 2 kg、速度为 10～35 km/s 的塑料炮弹或碟形及球形钢弹,通过碰撞击毁来袭弹头;还可设置地基带电粒子束武器,通过带电粒子束产生的强烈电磁效应来使来袭弹头失效。

(二)"星球大战"计划的特点

与以往的反导防御系统相比,"星球大战"分层拦截来袭导弹的方案有以下特点。

1.采用全弹道多层次防御体系,大大提高了防御系统的有效性。

一个或两个层次的拦截,即使每层拦截概率很高,也很难达到 99% 以上,而多层次设防就可能使拦截概率提高到 99%,而且如果拦截层次更多,整个系统的拦截概率就会更高。

2.在上述多层拦截构想中,重点是实施对助推段的拦截

争取将来袭导弹尽可能多地摧毁在助推段中。这一构想有如下重要的技术意义和实战意义:

(1)实施助推段拦截,来袭目标特征明显,容易被发现和跟踪。特别是刚发射时,发动机喷射的尾焰有强烈的红外辐射,很容易被探测系统捕捉到,而且此时目标运动速度慢,很容易被瞄准跟踪系统跟踪,而且在助推段目标不容易丢失。

(2)在助推段,导弹还未释放子弹头和诱饵,目标比较单一、集中,容易被瞄准和跟踪。进入中段以后,子弹头被释放出来,同时还释放出大量的假弹头和各种诱饵,在空中形成一片"干扰云"或形成一个"干扰走廊",由单一而集中的目标变为分散、众多的目标,这样,跟踪、识别和拦截就非常困难。

(3)因在助推段导弹的发动机和燃料箱都未脱落,故此时导弹结构比较脆弱,很容易引起爆炸,致使整个导弹"粉身碎骨"。

(4)在助推段实施拦截,战争在该国领土上空进行,核弹头在敌国上空爆炸,不会给本国造成任何危害。

3."星球大战"计划中武器系统的飞行速度都有大幅提高

如反卫星导弹的飞行速度可达 10 km/s 以上;轨道炮可以把炮弹加速到 25～30 km/s;激光武器和粒子束武器的射流都是 3×10^5 km/s 的光速或接近光速。所以只要有精确瞄准系统,这些武器便能迅速而准确地击毁来袭导弹。

4.采用非核拦截技术大大减少了附加破坏效应

由于早期反导导弹的命中精度较低,所以拦截战斗部一般采用核弹头,以核爆炸的巨大破坏力来弥补命中精度低的不足,但核爆炸的巨大杀伤力不仅能摧毁作战目标,还会产生一些附加破坏效应,特别是核爆炸产生的电磁效应,不仅可以影响当前己方的拦截导弹,还会对后续来袭导弹的拦截产生影响。而"星球大战"计划中的武器系统大都是采用非核拦截技术,这些武器不仅速度快,命中精度高,而且还不会产生放射性污染,大大减少了导弹拦截的附加破坏效应。

5.多种武器系统和技术的综合使用

多种武器综合使用,不仅可以充分发挥各种武器的技术优势,弥补单一武器的技术不足,还可通过优化组合,使其整体效能达到最佳。

(三)"星球大战"计划搁浅

"星球大战"计划提出以后,在 20 世纪 80 年代中后期,苏联内外政策进行全面调整,美、苏

两国对话频繁,从此以对话代替了对抗,美、苏关系开始明显改善。而且随着 1991 年苏联解体,新组建的俄罗斯在政治和经济上遇到了种种困难,军事实力也受到很大影响,力量较苏联大大削弱,世界格局发生了重大变化,"星球大战"的战略对手此时已不复存在。而且随着"星球大战"计划研究和部署的深入,预算经费急剧增加,远远超出了美国政府的承受能力,再加上对整个计划有效性的怀疑,新上任的美国政府不断调整、削减"星球大战"计划内容,到 1992 年美国总统克林顿上台后,他于 1993 年便宣布停止执行"星球大战"计划,转而执行"弹道导弹防御"计划,针对对象由以往的苏联(俄罗斯)转变为第三世界国家。

二、美国的"弹道导弹防御"计划和"导弹防御"计划

(一)"弹道导弹防御"计划

美国的"弹道导弹防御"计划由两个部分组成:"战区导弹防御"(Theatre Missile Defence,TMD)系统和"国家导弹防御"(National Missile Defence,NMD)系统。

1."战区导弹防御"(TMD)系统

"战区导弹防御"系统是美国所定义的一类弹道导弹防御系统,它既有别于通常所说的战术弹道导弹防御系统,也不同于通常所说的战略弹道导弹防御系统。

"战区导弹防御"系统主要防御射程小于 3 000 km、不能打到美国本土的中、近程弹道导弹,主要用来保护美国部署在国外的驻军及美国的盟国免遭弹道导弹的攻击。"国家导弹防御"系统(NMD)是防御射程大于 3 000 km、能够打到美国本土的远程和洲际战略导弹,主要用来保护美国本土免遭有限数量战略弹道导弹的攻击。在美国执行"弹道导弹防御"(BMD)计划的初期(1993 年),克林顿政府还不敢单方面撕毁 1972 年美、苏所签订的《反弹道导弹条约》。因此,把发展"战区导弹防御"(TMD)系统放在了发展的首要位置,而把发展"国家导弹防御"(NMD)系统放在了次要位置。

目前,国外已经部署或正在研制的"战区导弹防御"系统,可根据其防御区域的大小和被拦截导弹所处飞行弹道阶段的不同分为下述三大类。

(1)"点防御"系统。"点防御"系统主要用于保护点目标或范围很小的地区,如机场、港口、指挥控制中心及机动作战部队等。这类防御系统也可叫做"末段"防御系统,因为它对来袭导弹飞行弹道的末段实施拦截。由于这类防御系统都是在大气层内较低的高度(通常在 30 km以下)拦截来袭的弹道导弹,因此也可称为"低层防御"系统。美国在海湾战争中使用的"爱国者"PAC—2 型导弹防御系统,后来重点改进发展的"爱国者"PAC—3 型导弹系统、"海基低层防御系统",以及美国、德国、意大利联合研究的"扩大的中程防空系统"等都属于此类系统。这些系统多数都是在原有的防空导弹系统的基础上改进而成,具有反战术弹道导弹、反飞机和反巡航导弹的能力。这种动向同时也表明,未来的防空作战将是反飞机、反战术弹道导弹和反巡航导弹的一体化作战。

(2)"区域防御"系统。"区域防御"系统,又称"中后段防御"系统,即在来袭导弹飞行弹道的中后段实施拦截的系统,主要用于保护较大地区,如一个城市或分散部署的重要设施等。由于这类系统设计在大气层内高空(高度 30 km 以上)或大气层外(高度 100 km 以上)拦截来袭的弹道导弹,因此也称为"高层防御"系统。主要包括:以色列和美国联合研制的"箭"式导弹防御系统,其最大拦截高度为 40 km,部署两个连的"箭"式导弹防御系统,将可以保护以色列80%以上的人口;美国正在重点研制的"战区高空区域防御"(THAAD)系统,其最大拦截高度

可达 150 km,受保护的区域是"爱国者"导弹系统的 20 倍;美国正在研究的"海基高层防御系统",其最大拦截高度达 200 km 以上,将能保护面积更大的区域。美国研究的这两种区域防御系统,实际上都具有保护美国本土免遭战略弹道导弹攻击的能力。

(3)"助推段拦截"系统。这类系统用于拦截刚发射不久,仍处于助推飞行中或上升飞行中的弹道导弹。这类系统的主要特点是:弹道导弹在助推飞行时,其助推火箭的尾部拖着明亮的火焰,非常易于探测和跟踪;弹头与助推火箭还未分离,因此目标大,容易被拦截;在助推段实施拦截,不但不会使被拦截的导弹碎片落到导弹要攻击的地区,而且反而会使其落到发射导弹国家自己的领土内。因此,美国和以色列两国都在积极研究此类防御系统。目前,对于"助推段拦截系统"的研究主要有以下三种方案:一是从有人驾驶的飞机上发射高速动能拦截弹;二是从无人驾驶的飞机上发射动能拦截弹;三是把激光武器放在宽体飞机上,用激光拦截刚刚发射的弹道导弹,称为"机载激光武器"方案。

上述三类"战区导弹防御"系统组合起来,还可构成"多层战区导弹防御"系统,在来袭弹道导弹的整个飞行过程中对其进行多层次的拦截。

2."国家导弹防御"(NMD)系统

"国家导弹防御"系统是防御射程超过 3 000 km 以上、能够打到美国本土的远程弹道导弹和洲际弹道导弹。"国家导弹防御"系统的任务是有效监视与跟踪来袭的导弹,并在导弹再入大气层之前将其摧毁。

"国家导弹防御"系统由天基红外探测系统(SBIRS)/国防支援计划卫星(DSP)、改进型预警雷达、X 波段雷达(X—GBR)、地基拦截器 GBI(含动能杀伤器 KKV)、作战管理中心(BM/C^3 系统)等 5 个部分组成。

(1)预警卫星(DSP/SBIRS)。预警卫星用于探测敌方导弹的发射,提供预警和敌方弹道导弹发射点和落点的信息。目前为 NMD 提供早期预警的卫星是"国防支援计划"(DSP)预警卫星,通过对 2 颗或 2 颗以上 DSP 卫星的数据进行融合处理,对来袭导弹弹道进行预估、对进攻导弹类型进行识别。该卫星系统不久后将被"天基红外系统"(Space Based Infra - Red System)替代。

(2)改进的预警雷达(UEWR)。改进的预警雷达(Upgraded Early Warning Radar),主要用于在天基红外探测系统的低层系统部署前,作为 X 波段雷达的辅助设施,它们是 NMD 系统的"眼睛",能对 4 000～4800 km 外的目标进行预警,对处于飞行中段的来袭导弹进行探测和跟踪,为地基雷达提供大致的探测方位信息。NMD 系统使用"铺路爪"早期预警雷达,现已部署了 3 套。

(3)海基 X 波段雷达(SBX)。海基 X 波段雷达(Sea Based X - band Radar)是一种 X 波段相控阵雷达,它是国家导弹防御系统的主火控雷达,用于对来袭导弹进行目标获取、跟踪、识别和毁伤评估,可在海上进行机动部署。

(4)地基拦截弹(GBI)。地基拦截弹(Ground Based Interceptor)是一种先进的动能杀伤武器。其任务是在大气层外(100 km 以上)拦截处于中段飞行的弹道导弹弹头,杀伤方式为直接碰撞摧毁。GBI 由大气层外动能拦截杀伤器 EKV(Exo - Atmospheric Kill Vehicle)、三级固体助推火箭组成。EKV 是 GBI 的关键技术所在。它有自己的导引头(可见光、中红外、远红外成像)、姿态控制推进系统、通信设备、制导设备、计算机设备等。

(5)作战管理中心(BM/C^3 系统)。作战管理中心(Battle Management/Command, Control and Communication)系统,是 NMD 系统的"大脑",它把组成国家防御系统的各部分有机地联系在一起,接收各个探测器获取的数据,分析来袭导弹的各种参数(如速度、弹道和落点等),计算最佳拦截点,引导预警雷达和地基雷达捕获与跟踪目标,下达发射拦截弹的命令,向飞行中的拦截弹提供修正的目标信息,评价拦截成功与否等。

"国家导弹防御"系统实施反导拦截,其作战过程如下:首先由 DSP/天基红外探测系统或改进型预警雷达探测、识别和跟踪来袭导弹,经确认后将有关信息和数据传送给作战管理中心(BM/C³ 系统);同时,X 波段雷达开始搜索和发现目标;指挥官在掌握有关情况后,向部队下达作战命令,作战部队发射一枚或数枚拦截器进行拦截;作战管理中心(BM/C³ 系统)继续处理由天基红外系统和陆基雷达传来的信息,并提供给拦截器,使其更好地识别弹头和诱饵等假目标;杀伤拦截器将利用弹载系统探测和识别目标,并以碰撞方式击毁目标;X 波段雷达继续搜集有关数据,并对拦截效果进行评估。

(二)"导弹防御"(MD)计划

2001 年"9·11"恐怖袭击发生后,布什政府为确保美国自身的绝对安全,以免受包括导弹袭击在内的各种形式的恐怖袭击,迅速调整了其导弹防御战略。布什政府宣布不再区分"战区导弹防御"(TMD)系统与"国家导弹防御"(NMD)系统,两者统称为"导弹防御"(MD)系统,并寻求建立一个多层次、全方位、覆盖全球的拦截系统。所谓多层次是指该系统包括助推段、中段和末段三层防御;所谓全方位是指该系统实行地基、海基、空基、天基拦截相结合的全方位拦截。

为实现此目标,布什政府对原来的"弹道导弹防御"计划进行重大调整。首先是把国防部所辖的"弹道导弹防御局"改为"导弹防御局",并被赋予更大的责任和权限。在"导弹防御局"的统一领导下,制订单一的"导弹防御"(MD)计划,发展由助推段防御系统、中段防御系统和末段防御系统组成的单一一体化的"导弹防御"(MD)系统。

同时,为了拦截不同射程、不同飞行弹道阶段(助推段、中段和末段)的弹道导弹,建立多层的"导弹防御"(MD)系统,并把所发展的多层导弹防御系统作为单一的系统来进行管理和作战使用。布什政府把原来的"机载激光"系统、"天基激光"系统和新增加的海基与天基动能拦截弹助推段防御系统,合成一体化"导弹防御"系统中的"助推段防御单元";并把原来的"国家导弹防御"(NMD)系统改称为"地基中段防御"(GMD)系统,把原来的"海军全战区防御"(NTMD)系统改称为"海基中段防御"(SMD)系统,共同作为一体化"导弹防御"系统中的"中段防御单元"。最后把原来属于"战区导弹防御"(TMD)系统的"爱国者"PAC—3 系统和"战区高空区域防御"(THAAD)系统,合成一体化"导弹防御"(MD)系统中的"末段防御单元"。

往后,美国将依靠"导弹防御"(MD)系统拦截在各个飞行弹道阶段、各种射程的导弹,并对其实施多层拦截;美国国防部将发展和试验相关拦截技术,并通过采用新技术不断提高已部署武器装备的作战能力。目前,该计划正在逐步的部署和实施中。

三、美国主要导弹防御系统

(一)战区高空导弹拦截系统(THAAD)

THAAD 系统是一个地基机动的高层弹道导弹防御系统,能在大气层内高空或大气层外拦截来袭的弹道导弹,其拦截弹的射程使其具备足够的战场空间来打击空中威胁、评估拦截的成功与否,并可实施二次拦截。THAAD 系统是美国战区导弹防御系统(TMD)结构框架的地基、高层的组成部分。

THAAD 由地基雷达、发射车、拦截导弹以及作战管理/指挥、控制、通信、情报(BM/C⁴I)系统和地面支援设备组成。安装在高机动多用途轮式车上的 BM/C⁴I 中心,可自动捕获与识别战术弹道导弹威胁、跟踪数据的处理与分发、分配武器、拦截监控和制导传感器的控制;THAAD 系统的 X 波段相控阵雷达可远距离捕获和跟踪目标,并向 THAAD 拦截器提供拦截之前飞行修正信息。该雷达可观测整个拦截过程,并把观测数据提供给作战管理与 C³I 系统,对是否拦截到目标进行评估。如果第一枚拦截弹未能拦截和摧毁目标,再发射第二枚拦截弹进行拦截。如果第二次拦截也未能成功,就把目标交给低层防御用的"爱国者"导弹防御系统进行第三次拦截。THAAD 拦截弹是一种高速动能杀伤拦截弹,主要由一级固体助推火箭和一个作为弹头的"动能杀伤拦截器"(KKV)组成。并采用红外寻的导引头,以对撞毁伤的方式来拦截摧毁来袭弹头;THAAD 的发射架使用陆军标准货盘化装载系统的 16 t 卡车,一个导弹箱上至少可装载 8 枚导弹。整个 THAAD 系统可用 C141,C5,C17 军用飞机来运输。这些能力能够保证在短时间内将 THAAD 系统快速部署在任一战区。

THAAD 系统主要用于防御射程大于 600 km 的弹道导弹,能保护直径为几百千米的区域。对于射程为 3 000 km 的弹道导弹来说,其防御区域可达几万平方千米;对于射程为 10 000 km 的战略导弹来说,其防御区域为几千平方千米,相当于能保护一个大城市不受战略弹道导弹的攻击。

(二)海军全战区导弹防御系统(NTW)与区域导弹防御系统(NAD)

美国海军至今发展出两套防御系统:一套以低空防御为主,称为海军战区导弹防御系统,主要装备是"宙斯盾"作战系统和标准—2(SM—2)防空导弹;另一套以高空拦截为主,称为海军全战区防御系统(也称海基中段拦截系统),它采用改良型"宙斯盾"系统和具有动能杀伤弹头的标准—3(SM—3)防空导弹,可在大气层外拦截上升段的弹道导弹和下降飞行中的弹头。

海军全战区防御系统(NTW)又名海军高层区域防御系统,可在大气层外拦截来袭的中程和远程战区弹道导弹,最低拦截高度为 80 km,最大拦截高度为 500 km,最大拦截距离为 1 120 km。该系统在现有的"宙斯盾"作战系统和海军区域导弹防御系统之上,采用"大气层外轻型射弹"(LEAP)技术和先进的"固体轴向级"发动机形成一种先进的动能拦截弹"标准23"(SM23),用于上升阶段、弹道中段和下降阶段大气层内拦截。NTW 能在靠近敌人导弹发射阵地的地方进行上升阶段的拦截,当目标飞越海面或沿着海岸飞行时,沿着目标的弹道进行拦截,在靠近防御区域的地方提供对下降阶段目标的防御。海军区域导弹防御系统(NAD)又名海军低层防御系统,它主要以美国"宙斯盾"作战系统和"SM—2"IV 型导弹为基础,由改进的 AN/SPY—1 雷达和改进的"SM—2"IVA 型导弹等组成。

"SM—2"IVA 导弹增加了前视引信和红外导引头,改进了雷达制导系统,提高了导弹的拦截精度。改进的"宙斯盾"武器系统能够跟踪和打击高速、低反射面的战区弹道导弹。NAD 的作战半径为 100~200 km,最大拦截距离为 50~10 km,最大拦截高度为 35 km,具有防御大气层内处于下降阶段的短程和中程战区弹道导弹和巡航导弹的能力。海军区域导弹防御系统的优势在于它的机动性,它能驻扎在靠近潜在威胁区域的近海,在冲突爆发前或地基导弹防御部队到达前,海军区域防御便可迅速到位。

(三)PAC—3"爱国者"导弹防御系统

美国现有 4 种不同型号的"爱国者"导弹,分别是:标准型,最适合用来对付吸气式目标;

"爱国者先进能力—2"(PAC—2)导弹,用于防御战术弹道导弹;"增强制导型"(即 PAC—2/GEM)导弹,提高了防御战术弹道导弹的性能;"爱国者先进性能—3"(PAC—3)导弹防御系统,是爱国者导弹系统的最新系统,用于保护低层弹道导弹防御,保护军队和固定资源不受短程和中程弹道导弹、巡航导弹和其他诸如固定翼飞机和旋转翼飞机等空气喷气式武器的威胁。

爱国者 PAC—3 系统是由 PAC—2 系统改进而来的。PAC—3 系统有 3 个主要部分:地基雷达、交战控制站、8 个导弹发射装置以及配套设备等。

爱国者系统的关键设备 AN/MPQ—53 雷达为多功能相控阵雷达,由 C 波段发射机、相控阵天线、接收机、信号处理器、显示控制台等组成。采用时分多波束体制,能掌握 100 批以上的空中目标,并能同时对 8 枚导弹完成搜索、跟踪、截获和相应的中程制导指令传送,其中允许对 3 对目标导弹进行 TVM 制导。

PAC—3 拦截弹由一级固体助推火箭、制导设备、雷达寻的头、姿态控制与机动控制系统和杀伤增强器等组成。全弹长 4.635 m,弹体直径为 0.255 m,起飞质量 304 kg,助推火箭关机后的质量为 140 kg。弹头与助推火箭在飞行中不分离,始终保持一个整体。其作战距离 30 km,作战高度 15 km,最大飞行速度 $6Ma$。为增大拦截目标有效直径,以便靠动能摧毁目标,PAC—3 拦截弹采用"杀伤增强器"装置。该装置放在助推火箭与制导设备段之间,长 127 mm,质量 11.1 kg。杀伤增强器上有 24 个 214 g 的破片,分两圈分布在弹体周围,形成以弹体为中心的两个破片圆环。当杀伤增强器内主装药爆炸时,这些破片以低径向速度向外投放出去,增大了拦截弹有效直径,从而使目标被整个拦截弹击中或被破片击中。

PAC—3 拦截系统不仅可以拦截带化学弹头和生物弹头的战术弹道导弹,还可拦截带具有一定防御能力核弹头的战术弹道导弹,它是美国当前列为重点发展的核心战区导弹防御计划之一,将作为未来双层陆基战区导弹防御系统的低层防御系统。

四、俄罗斯导弹防御计划及导弹防御系统

为抵抗美国导弹的威胁,20 世纪 60 年代苏联决定建立莫斯科反导弹防御系统,代号为 A—35。该反导弹防御系统很快得以建成并部署在莫斯科周围。其反导弹防御系统的指挥计算中心部署在离莫斯科 70 km 的郊外,而发射系统部署在离莫斯科市中心 150 km 处,由引导雷达和拦截导弹发射阵地组成,装有核弹头的拦截导弹位于地下发射井中。

1978 年苏联又开始了更新和改进反导弹防御系统的工作,代号为 A—135。在此之前,反导弹防御系统已经拥有 4 个发射系统,每个发射系统都配备有"橡皮套鞋"外层空间拦截导弹跟踪和导引雷达。改进以后,反导弹防御系统增加了使用"小羚羊"近距离拦截导弹的第二个防御层,"小羚羊"拦截导弹也装有核弹头。

1991 年底苏联解体后,俄罗斯的综合国力大大削弱。为了重塑昔日的大国风采,俄罗斯希望通过强大国家军事来重振雄风,并提出了"现实遏制"军事战略。俄罗斯认为:今后一段时间内对俄罗斯实施全面进攻的大规模战争几乎没有可能,但地区性的局部战争依然存在,俄罗斯应当注重国防基础建设,加强国土防御能力。为此,俄罗斯进行了一系列战略性建设与调整。把追求"质量参数"作为未来军队发展的基本理念,并把重建军队和实行军事改革作为当前最重要的任务。

1994 年,俄罗斯又制订了新的"A—135"导弹防御系统研发计划,并被正式列为军事项目。该计划最终于 1995 年 2 月建成并进入战斗值班。据专家估计,莫斯科反导弹防御系统完

全可以保护首都免遭少量弹道导弹核弹头的袭击。

除核弹反导拦截外,俄罗斯还具有强大的非核弹反导实力,其主要的反导武器有 C—400 地空导弹、"DON"—2N 雷达体系、"窗口"光电系统和"安泰"—2 500 反导系统等,它们都具备很强的战区反导能力。

其中"C—400"导弹防御系统,又称"凯旋"导弹防御系统,为俄罗斯第四代防空导弹系统,它是在俄罗斯"C—300"导弹基础上研制成功的,于 2001 年完成试射工作。它继承了"C—300"的许多技术优点,不必根本改变"C—300"的工艺流程就能大量生产。"C—400"防空导弹系统既可以使用现有的拦截导弹,又可以使用俄罗斯新研制的 9M96E 通用拦截导弹(既可供地面防空系统和反导弹防御系统使用,又可作为舰载和机载导弹用于摧毁空气动力目标和弹道目标)。9M96E 通用拦截导弹具备更高的战斗性能,预计很快将被作为俄"C—300"系列防空导弹系统的主要杀伤武器。"C—400"防空导弹系统和通用拦截导弹的问世为俄罗斯建立多层次对空防御和反导弹防御创造了现实可能性。与"C—300"相比,"C—400"防空导弹系统摧毁来袭导弹的作用距离增加了一倍,而且其飞行速度和命中精度等性能参数均优于前者。"C—400"防空导弹的射程可达 400 km,反导系统可控制 18 枚拦截弹,攻击超高速运动的进攻性弹道导弹、F—117A 隐身战斗轰炸机、B—2 隐身战略轰炸机、BGM—109"战斧"式巡航导弹等进攻武器。

"DON"—2N 雷达体系是俄军重要的多功能雷达系统,它能搜索并锁定 1 500 km 范围内的敌方目标,引导反导弹攻击来袭之敌,还能发射信号干扰敌方飞机或导弹的飞行。而"窗口"光电系统则能捕捉到在 4 000 m 高空轨道飞行的目标,在最短时间内准确地预测其飞行轨迹和落点。另外,为了应付日益增长的战术弹道导弹的威胁,俄罗斯已经研制出一种新型的反导弹和反飞机地空导弹系统——"安泰"—2500(Antey—2500)系统。该系统不仅能够拦截射程达 2 500 km 的弹道导弹、还能防御来袭的各种类型航空器和战术弹道导弹。

"安泰"—2500 反导弹防御系统是在俄 C—300B 系统上的进一步发展,它包括 6 辆履带式运输车,车上装有"巨人"和"角斗士"反导导弹、圆周扫描雷达、扇形搜索雷达以及拦截器引导雷达。据报道,"安泰"—2500 反导防御系统,不仅可用于摧毁飞机、直升机和战役战术导弹,而且可用于摧毁中程导弹(在半径 2 500 km 内),能在 200 km 的范围内和在 30 km 的高度上摧毁空气动力目标和弹道目标。"巨人"和"角斗士"反导导弹装备有定向弹头,可同时对 16 个空中目标进行"扫射"。据称,目前世界上还没有能与"安泰"—2500 相匹敌的同类系统。

第二节　刺破天眼反制之矛

空间技术的发展和大国军事战略的改变,使得太空已成为未来战争中各国竞争的焦点,卫星在战争中作为侦察、监视和预警平台的作用日益凸显。这也使得卫星不仅是目前各国空间军事系统的重要组成部分,也是未来各国军事行动中的主要攻击目标。为了在战争中削弱对方的空间力量,各国争相研究反卫星武器。反卫星导弹是出现最早的反卫星武器,也是目前技术发展最成熟的反卫手段。

一、反卫星导弹概述

反卫星导弹是用于击毁离地面几百千米以上的地球轨道卫星或使其丧失正常功能的导

弹。它可以从地面、水面(水下)、空中或空间平台发射。因地球轨道上运行的卫星,飞行速度快,系统结构复杂,外部防护能力弱,所以一旦确定其飞行轨道上的位置后,反卫导弹就可以采取直接碰撞杀伤或爆炸破片杀伤的方式对卫星进行摧毁杀伤。

在直接碰撞杀伤方式中,战斗部要在和目标相撞前几秒钟打开,形成外径为 $4\sim5$ m 的伞状结构。其伞状骨架由数十根轻合金条组成,条上带有钢板,以增加碰撞功能。而爆炸破片杀伤则是选用大面积杀伤弹头,爆炸时产生的大面积杀伤破片,由于拦截弹头与卫星交汇时相对速度非常高,爆炸产生的破片即使非常小,也能对卫星产生毁灭性的打击,导致卫星星体脱离运行轨道而坠毁。

反卫星导弹的部署必须有国家战略防御体系作基础,它依赖于和空间目标监视及国家战略 C^4ISR 系统协同作战。由预警卫星、侦察卫星、地面远程预警雷达、精密测量雷达和光学遥感器组成的空间目标监视系统,用于探测跟踪卫星,分析处理和确定卫星的轨道以及质量、形状、功能和其他光学特征信息。此外,实施反卫星拦截还必须拥有直接碰撞高速导弹飞行技术、高精度智能化导引头技术、变轨道飞行拦截杀伤技术和计算机通信技术等。

目前,一个反卫星导弹系统由导弹、导弹发射架和指挥控制系统组成,而反卫星导弹主要由动能杀伤拦截器、整流罩和固体助推器组成。动能杀伤拦截器由寻的导引头、制导装置、通信装置、增压剂储箱、变轨发动机、冷气姿态控制系统、推进剂储箱、推进剂姿态控制系统、电源和杀伤装置等组成。

无论是军用还是民用地球人造卫星基本都部署在离地面几百千米的轨道高度上,例如,美国著名的“锁眼”系列侦察卫星的运行轨道高度就在 $200\sim800$ km 之间。而且卫星的轨道可以长时间预测,因此拦截一颗卫星一般需要以下几个环节。

首先需要跟踪并锁定需拦截的目标卫星。因为卫星的运行轨道相对固定,所以观察、搜索卫星的难度并不大。即使利用简单的天文器材,通过长时间的监视和跟踪,也可以发现并锁定卫星。而且太空中目标稀少、空气极其稀薄,卫星自身发成的红外线在没有阳光照射时,特征极其明显,容易被发现、跟踪。

反卫星导弹系统的卫星监视系统由导弹预警卫星红外探测器和地面雷达组成,当它们探测到卫星后,就可跟踪其飞行轨迹,锁定并计算其运行轨道坐标,并在 $10\sim20$ s 内将卫星的相关信息传递给地基反卫星导弹系统。通过作战管理/指挥、控制、通信(BM/C^3)系统,将卫星运行轨道的估算数据传送给空间防御指挥中心,并向地面远程预警雷达指示目标。预警雷达的监视器则自动显示预警卫星上传来的卫星红外图像及其运动情况,并开始跟踪卫星。预警雷达的数据处理系统估算出卫星瞬时的运动参数和属性,初步测量卫星的运行轨道,计算反卫星导弹的起飞时刻、拦截飞行弹道和拦截命中点,以及导弹发射所需数据等。卫星监视系统根据星历表和衰变周期,不断排除再入卫星、其他航天器、陨石和极光等空间目标,以降低卫星监视系统的虚警概率,减少卫星监视系统的目标量。

地面远程跟踪雷达,根据预警雷达传送的卫星数据进行跟踪,根据其特征信号进行识别,排除假目标,利用雷达波中的振幅、相位、频谱和极化等特征信号,识别卫星形体和表面层的物理参数,并将准确的主动段跟踪数据和卫星特征数据,通过 BM/C^3 系统快速传送给指挥中心和反卫星导弹。指挥中心把卫星监视各个系统提供的卫星轨道数据统一进行协调处理。根据卫星的类型,制订火力攻击方案,并适时向导弹跟踪制导雷达传递卫星评估数据,并下达攻击指令。

发射一枚或数枚反卫星导弹后,反卫星导弹先按惯性制导飞行,制导雷达对其连续跟踪制导,以便把卫星轨道和特征数据传输给反卫星导弹,同时将跟踪数据发往指挥中心。目前的反卫星导弹是一种红外寻的拦截导弹,由数级火箭和弹头组成。弹头上装有长波红外探测器、数据处理机和碰撞式杀伤战斗部。火箭发动机采用双组元推进剂,推力可控。由于反卫导弹既不需要像航天运载火箭那样需要足够的推力将卫星送入轨道,也不需要像地地导弹那样要有足够大的弹头,因此一般中近程的弹道导弹就可以改装成反卫星导弹,只是因各自推力的不同,拦截卫星的高度有差异而已,从推力计算,以一定倾角发射的单级导弹所到达的最大高度大致是其最大射程的 $1/3 \sim 1/2$。用于军事用途的侦察、气象卫星一般都在 1 000 km 高度以内,因此射程 2 000 km 的中程导弹就可以改造为足以拦截大部分军用卫星的反导导弹。一般来说,如果把远程弹道导弹的弹头更换为动能拦截器(KKV),可构成高层动能空间武器,能够攻击轨道高度为 8 000 km 左右的目标;若把中程弹道导弹的弹头更换为动能拦截器(KKV),可构成低层动能空间武器,攻击轨道高度 2 000 km 左右的目标。

卫星监视系统对卫星运行轨道进行跟踪,并将卫星运行轨道估算数据通过 BM/C³ 系统传给反卫星导弹,使导弹在高速飞行的中段实施精确攻击。指挥中心综合卫星和反卫星导弹的飞行运动参数,精确计算飞行杀伤拦截器的弹道参数、命中点以及攻击弹道、命中点,通过飞行中的通信系统向导弹适时发出目标数据和修正导弹弹道和瞄准数据的控制指令,修正可进行多次。制导雷达对反卫星导弹进行中段的跟踪制导,当导弹捕捉到目标后,助推器与飞行杀伤拦截器分离。反卫星导弹根据制导雷达发出杀伤拦截指令,以 10 km/s 左右的速度接近卫星。寻的导引头实施自动寻的引向卫星,根据卫星运行轨道参数,轨控和姿控推进系统调整飞行杀伤拦截器的方向和姿态,最后一次判定目标后,进行精确机动与卫星易损部位相撞、将其摧毁,或制导雷达下达引爆指令、引爆破片杀伤战斗部、摧毁目标。在攻击过程中,卫星监视系统连续监视作战区域,收集数据,进行攻击效果评定,同时将数据传送至空间防御指挥中心,以决定是否进行第二次拦截。

二、美俄反卫星导弹的发展

(一)苏联的反卫星导弹

苏联的反卫星武器专家认为:环绕在地球轨道上的卫星移动速度非常快,而性能对系统设计的要求过于复杂,结构上显得脆弱,因而极易确定它在轨道上的位置,故攻击用的武器只要有足够的精度,仅以金属碎片抛撒在卫星前方,就可以摧毁卫星。

1963 年,苏联开始研制共轨式反卫星拦截器,用于攻击低地球轨道的军用卫星和其他航天器。苏联曾计划研制一种从飞行高度在 30 km 的飞机上发射的小型反卫星导弹和一种从宇宙飞船上发射的小型反卫星导弹。苏联曾宣称该反卫星导弹能摧毁飞过莫斯科上空的低地球轨道卫星(轨道高度几百千米,轨道运行速度大于 7 500 m/s),但该导弹没有进行过反卫星试验。

20 世纪 80 年代末到 90 年代初,苏联进行了一系列非核反卫星导弹的试验。1981 年,前苏联利用与礼炮 7 号空间站对接的宇宙 1276 舱体式飞船试验了红外制导的反卫星导弹。这种小型导弹可以部署在空间站或者专用空间平台上攻击卫星。1985 年,一架改装的米格—31携带反卫星导弹进行试验,成功地摧毁了一颗地球低轨卫星。

为提高反卫星导弹的生存能力,苏联采取了天基与地基部署相结合、固定基地与机动部署相结合的方式。苏联的橡皮套鞋反战略弹道导弹系统具有拦截美国低轨道卫星的能力,其机动部署的洲际弹道导弹经过改装后具有反卫星拦截器的能力。

1977 年 7 月,美国首先提出同苏联进行反卫星武器谈判,后因苏军入侵阿富汗使谈判中断。1983 年 8 月,苏联单方面宣布不首先使用反卫星武器,要求与美国恢复反卫星武器军备控制条约谈判,并要求和限制战略武器会谈(SALT)裁军条约一起签字。

苏联在与美国进行限制反卫星武器的裁军谈判期间,从未放松反卫星武器的发展,经常用发射卫星的固体火箭发射一些有效载荷、拦截器部件等,其地面程序试验也照例进行。

(二)美国的反卫星导弹

美国总统肯尼迪曾说过:"谁控制了空间,谁就控制了地球"。美国从 20 世纪 50 年代开始研究地基反卫星核导弹,利用核导弹飞至大气层外,借助核导弹在高空爆炸产生的毁伤效应击毁在外层空间运行的卫星。美国陆军在 1964 年部署了雷神地基反卫星核导弹。美国空军在 1959 年、海军在 1962 年分别从 B—47 轰炸机和 F—4 战斗机上进行过空基反卫星导弹的发射实验。

由于核导弹攻击卫星时,准确度低,附加破坏效应大,己方卫星在通过核辐射效应区时也会受到伤害,因此雷神反卫星计划于 1975 年被取消。从 20 世纪 70 年代后期,美国转向研制空基非核反卫星导弹和动能/定向能反卫星武器,但只有几次试验成功的经验,没有达到实战能力。美国于 60 年代研制的奈基-宙斯地基反弹道导弹系统、70 年代研制的卫兵地基反弹道导弹系统都兼有反卫星的能力。到目前为止,美国总共研制出了 3 种反卫星导弹。

1. ASM—135 导弹

20 世纪 80 年代,伴随美国星球大战计划研制的天基和空基反卫星导弹方案更加成熟。由于苏联的军用卫星大部分在低地球轨道(400~480 km)上,空基直接上升式反卫星导弹 ASM—135 成为最佳选择。它由 F—15 战斗机携带。

ASM—135 导弹于 1975 年开始预研,1977 年进入方案阶段,1980 年进入工程研制阶段,1981 年完成导弹的全尺寸工程研制,1982 年进行红外探测器组件试验,1983 年进行地面模拟试验,1984—1986 年共进行了 5 次飞行试验。

ASM—135 导弹的研制费用为 13 亿美元,总费用为 36 亿美元(不含机载/地面设备),拟采购 134 枚(含 12 枚试验弹)。1988 年,美国空军曾计划在兰利与麦科德空军基地部署两个 ASM—135 导弹中队。1992 年,由于星球大战计划被国会取消,美国国防部随后宣布取消 ASM—135 导弹计划。

ASM—135 导弹弹长 5.43 m,弹径 0.5 m,质量为 1 179 kg,采用惯性+红外自动寻的制导体制。其动力装置的第一级采用波音公司 SRAM 导弹固体发动机的改型,质量为 782 kg,推力为 33 kN,工作时间为 33 s。装有三个固定翼和两个控制翼;第二级采用沃特公司的牵牛星—3 固体发动机,质量为 445 kg,推力为 26.9 kN,工作时间为 27 s,装有惯性制导系统和旋转平台。

ASM—135 的动能杀伤拦截器为圆柱体,长为 33 cm,直径为 30 cm,质量为 16 kg,末制导采用长波红外自动寻的制导方式,作战时利用高速飞行的动能直接碰撞摧毁卫星。它装有 8 个微型红外望远镜,把卫星的红外辐射集中到长波红外传感器上,由此提供卫星与拦截器的视角信息,然后通过激光陀螺仪的惯性基准和微处理机计算,从而得到制导指令。

ASM—135 导弹的作战高度在 1 000 km 以下。接近卫星的相对速度为 10~14 km/s。

其反卫星的作战过程如下：

F—15 战斗机接到攻击命令后，由地面支援装备装订卫星数据，在预先装定程序的导引下，在预定时间进入发射区域后加速，然后转入陡直爬升飞行。当爬升到 10～15 km 时，导弹飞离母机，靠一级助推器推升至大气层外缘，待火箭燃料燃尽后，再用二级助推器推进至卫星。发射后导弹自主飞行，在二级助推器关机，整流罩抛掉后，姿控发动机控制拦截器，稳定姿态，冷却装置，保证红外传感器的灵敏度。在红外成像探测器捕获到卫星后，拦截器与二级助推器分离，由激光陀螺导引飞行，修正飞行弹道，与卫星直接相撞。

ASM—135 导弹具有体积小、质量轻、机动飞行、反应时间短、命中精度高以及发射费用低等特点，但给早期探测和预警带来了一定的困难。在一般作战条件下，F—15 的飞行半径为 2 500 km，实施空中加油后飞行半径可达 7 500 km。

2. 智能卵石导弹

智能卵石导弹是星球大战计划时期的天基反卫星导弹。

智能卵石导弹从空间航天器上发射，依靠固体助推器推进高速动能杀伤拦截器直接碰撞卫星。该导弹体积小，质量轻，要求有很高的制导精度。通常在不受空气阻力影响的大气外层空间才有可能实现。它由美国劳伦斯·利弗莫尔国家实验室于 1988 年 8 月开始研制，1990 年首次进行亚轨道拦截卫星的试验。

智能卵石导弹的动能杀伤拦截器由寻的导引头、推进系统、制导和控制系统、惯性测量装置、数传通信系统和伞形增强杀伤装置等组成。伞形杀伤增强装置是把金属伞展开，迎着近于法线方向与卫星相撞，以增大碰撞面积。它采用杀伤冲击机构和穿透机构相互互补，以提高杀伤概率。冲击机构是一个增强聚酯薄膜板，穿透机构则是分布在薄膜上的小球，这个可膨胀的聚酯薄膜与高密度小球组合使用，达到穿透和压碎卫星结构、撞毁卫星关键部件的目的。

20 世纪 80 年代末，除继续进行 F—15 攻击空间真实卫星的试验外，美国还通过采用新型发动机，将反卫星导弹的作战高度提高 1 倍，方案是用推力更大的潘兴 2 弹道导弹的发动机和推力更大的助推器代替反卫星导弹的第一级。为对付中高轨道的卫星，美国还曾设想把飞行杀伤拦截器装在德尔它、大力神等火箭上，使其达到地球同步轨道的高度。美国还设想过采用民兵和三叉戟导弹的大型固体助推器以攻击多个卫星的方案。

1993 年后，虽然星球大战计划被取消，削减了反卫星导弹的研制经费，但美国的基础研究并未停止，而是把制约反卫星导弹的瓶颈技术作为一项远期的后续战略技术继续进行研究。美陆军一直在实施战术反卫星技术计划，研究和演示验证地基反卫星导弹。1996 和 1997 年美国国会分别拨款 3 000 万和 5 000 万美元，对反卫星导弹样机进行改进。1997 年 8 月 12 日在爱德华兹空军基地完成了反卫星导弹样机的悬停试验，样机的质量为 43 kg。在试验中，它搜索并锁定了运动中的模拟卫星，并在悬停过程中一直保持对卫星的精确攻击定位。这次悬停试验旨在为提高反卫星导弹的生存能力和为实战提供数据。

1997 年美国防部购买了 2 枚北极星导弹，经过改装后用于反卫星导弹的打靶试验。首次飞行试验于 1998 年在南太平洋马绍尔群岛的夸贾林导弹靶场进行。

进入 21 世纪后，美国开始把反卫技术与反导技术融为了一体。美国专家认为，虽然反导系统实际发挥作用还需要许多年，但美国现在正发展的用于拦截弹道导弹的一些系统，本身就具备反卫星武器的能力，因此可以大大增加美国的反卫星能力。攻击卫星在一定程度上比拦截弹道导弹更容易。卫星按可以预测的轨道飞行，必要时还有时间进行多次射击，而弹道导弹防御中,防御方只有不到 30 min 的时间做出反应。此外,导弹防御还可能面临欺骗和干扰,而对卫星的拦截基本上是在毫不设防的情况下进行的。因此,美国导弹防御系统的研制发展必将带动地基动能反卫星武器的发展。部署在阿拉斯加和加利福尼亚的地基中段导弹防御系统的拦截器实际已经具备击落卫星的能力,这些拦截器利用三级火箭将战斗部运入太空,用来在大气层外拦截来袭的弹道导弹。战斗部自身带有机动燃料及光学、红外探测系统,用于跟踪寻的,并通过直接碰撞杀伤目标。这些拦截器可作为十分有效的反卫星武器。预计地基拦截器的末段速度为 7~8 km/s。如果垂直发射,拦截器可以把战斗部运到大约 6 000 km 的高度,而一般低轨道卫星的运行高度不到 1 200 km,因此若用它拦截低轨道卫星,其射击区域可达数千千米的范围,从而能够攻击大多数通过美国本土上空的低轨道卫星。另外,美国正在发展的海基导弹防御系统中的"宙斯盾—轻型外大气层射弹"系统也具备一定的反卫能力。该系统垂直发射时战斗部可到达 400~500 km 的高度,足以攻击这一高度范围内的成像卫星、军事通信卫星以及椭圆轨道电子侦察卫星等。

此外,美国还积极开展导弹反卫星实验。2008 年 2 月 20 日 22 时 26 分(北京时间 21 日 11 时 26 分),美国海军从其位于太平洋北部海域的"伊利湖"号巡洋舰上发射一枚改造了的"标准—3"(SM—3)导弹,成功击中一颗失去控制的美国间谍卫星。

中国在导弹反卫上同样处于世界领先水平,先后进行了多次试验,并都取得了圆满成功。2007 年 1 月 11 日,中国由西昌卫星发射中心发射了一枚携带动能弹头的反卫星导弹,成功击毁了一颗轨道高度为 865 km,重 750 kg 的本国已报废的气象卫星风云一号,这是自 1985 年美国发射 ASM—135 反卫星导弹摧毁 P78—1 人造卫星以来首次成功的人造卫星拦截试验,此次实验震惊了世界。此外,据报道,2010 年 1 月,中国再次成功用导弹摧毁了本国的一颗报废卫星,此举再次证明,中国在地基导弹反卫技术中处于世界领先地位。

第三节 战略空间制约之重

基于导弹武器的反导和反卫星作战运用的出现,彻底改变了导弹作为纯攻击型武器的形象,使得它在战略制衡方面先天的优势展现无疑,促进了导弹武器攻防兼备、全域慑战作战能力的全面形成。

一、部署导弹防御系统的影响

战略导弹防御系统的部署会破坏各军事大国之间的战略稳定性(即军事稳定性)。一个国家发展战略导弹防御,会削弱对手洲际导弹的进攻能力。比如说对于点防御系统,因为它是用来保护范围较小区域的导弹防御系统,所以可以用来保护洲际导弹基地、指挥控制中心或个别大城市。如果一个国家用点防御系统保护洲际导弹基地或指挥控制中心,则其战略核力量的生存能力就会得到提高,这样也就削弱了对手的第一次打击能力。

而一个国家一旦部署了全国性导弹防御系统,遭受对手第一次和第二次打击的规模都会减小,减小程度与导弹防御的规模有关。只要导弹防御的规模不至于将对手的第一次打击能力削弱到接近于零,那么导弹防御就会降低爆发核战争的可能性。原因如下:在拥有核武器数量相同的情况下,报复打击的规模要小于先发制人打击。当两者的打击效果都超过确保摧毁的要求时,两种打击方式的结果可以认为是相同。在导弹防御系统的作用下,两种打击的规模以相同程度减少,打击效果也相应削弱。报复打击的效果低于确保摧毁的要求时,两种打击方式所产生的结果会有实质的差别,先发制人的打击优势就很明显了。但如果导弹防御的规模足够大,可以全面抵消先发制人的打击效果。那么,先发制人的危险就不复存在,也不必担心爆发核战争的问题。

从总体上来看,导弹与导弹防御系统的这种此消彼长的发展态势,势必会影响区域或世界的军事力量平衡,引发军备竞赛。以美国为例,它的导弹防御系统对世界军事格局产生了下述影响。

(一)严重冲击国际军控和裁军过程

随着美导弹防御政策、战略、技术的逐渐出台和不断实施,美导弹防御的规模和能力不断得到完善和提升,其对国际战略平衡及世界和平安全的威胁日益成为现实,将使国际社会对谈判缔结军控与裁军条约的努力受到巨大的挫折。首先,维护全球秩序需要一种力量的平衡,以保证这种秩序的稳定和连续性。美导弹防御的大力发展和全球部署,将严重破坏当代世界战略平衡与稳定,对国际军控与裁军事业构成重大威胁。其次,美国打着"防扩散"的旗号,强调导弹技术控制在防扩散努力中的作用,同时,继续拒绝任何形式的限制美导弹防御系统发展的国际协商,造成国际秩序的严重混乱。

(二)严重干扰国际社会的防扩散努力

美政府向相关国家和地区出售反导装备核技术,部署也从美国本土向战略前沿推进,严重干扰了国际社会的防扩散努力。首先,美导弹防御系统的发展和全方位部署本质上就是一个单方面的扩军计划。美政府继续稳步推进导弹防御系统的大力发展和全球部署,从数量、系统能力、部署地点和保护地域等方面决定了美导弹防御系统的不断扩张性,既违背了国际军控规定,也从根本上动摇了国际核军控架构的基本原则。其次,积极开展反导合作,大力推进导弹防御系统的合作研发、技术分享、军事转让等,是美建立全球反导体和加强本土防御能力的重要手段。美在谋求日、韩等盟国参与合作的过程中,不断扩散敏感物项和技术以拉拢盟友,对国际社会的防扩散努力带来极大的负面影响。

(三)促使相关国家大力发展应对性措施和手段

美对导弹防御系统的研发和部署保持高额军费投入,努力提高已部署系统性能、加紧研发先进手段和装备,将促进相关国家大力发展应对性手段和装备。首先,将打破有核国家建立在"核威慑"基础上的国家安全利益保障模式,相关国家围绕战略核力量的投送、突防、毁伤等方面将进一步开展军备竞争。俄罗斯总理普京 2009 年 12 月曾表示,美欧洲导弹防御部署计划将破坏美与俄之间的战略平衡,为维护平衡局面,俄必须研发进攻性武器系统,以应对美国的导弹防御计划。其次,美国大力推进导弹防御系统研究和部署,单方面追求"绝对优势",必将促使相关国家大力发展应对性手段和装备,军备竞赛将可能在新的领域内展开。最后,美研发部署空间预警探测及相关拦截系统,不断加大发展外空军事力量的步伐,将进一步推动太空军事化的进程。

21 世纪以来,美国成为世界唯一的超级大国,推行全球威慑战略,核威慑的对象扩大了,美国明显处于优势地位,导弹防御系统作战能力的不断提高不仅会增强美国的核威慑能力,而且不能排除有可能改变美国对核力量运用的原则和方式,通过使用有限的核力量来达成威慑或者实现打击效果。博弈双方力量的不均衡也必然迫使部分国家发展大规模杀伤性武器,积极构建更加严密的军事同盟。谋求国际安全的相关机制将被打破,地区冲突将会加剧,国际局势也将因此加剧动荡。

二、导弹反卫的价值

人造卫星飞行在几百千米高的空间轨道上,不受地域、地理和气候条件的限制;而且卫星的飞行速度很快,一天可以绕地球飞行几圈到十几圈,能够迅速获取地球的大量信息。此外,卫星运行的太空环境不受任何国际公约的限制。正因如此,军事卫星在战争中一直受到各国政府和军事部门的高度重视。尤其随着现代战争对战场信息时效性、精确性和全域性的要求越来越高,军事卫星的作用就愈加明显,它已成为现代战争中不可或缺的支撑系统。

如今战争已进入高技术时代,并具有以下几个鲜明特点。第一,部队一般强调分散部署,快速机动,战争节奏明显加快;第二,以精确制导、隐身武器等为中心的现代兵器,技术含量高,可以进行远程精确进攻和准确打击,对物质和人员的毁伤能力强;第三,高技术战争的战场在传统陆、海、空三维空间的基础上,已发展成集陆、海、空、天、电磁的“五维”一体战;参战军兵种多,相互之间的协同空前重要;第四,高技术战争相当激烈,对侦察、预警、通信、气象、测绘等支持及后勤保障能力也都提出了全方位要求,作战保障更加复杂;第五,电子侦察与反侦察、干扰与反干扰、摧毁与反摧毁的斗争贯穿战争始终,指挥控制更加困难。

综合分析这些特点可以看出,高技术战争依赖于各种信息,在战争的不同阶段,自始至终都需要大量翔实的信息支撑。而翱翔于太空中的各类军事卫星则是获取、传输现代战场上海量信息的最有效手段。侦察监视、导航定位、观测预警、通信、气象、资源探测等军事卫星的广泛应用,为现代战争提供了“耳目”和“神经”,它们无疑正成为提高现代战争效能的“倍增器”。从海湾战争、科索沃战争到阿富汗反恐怖战争直至伊拉克战争等几场高技术局部战争,军事卫星系统在应付突发事件、夺取战场信息优势、支援部队作战、提高部队作战效能以及推进战争进程等方面发挥了突出作用,已成为打赢现代高技术局部战争至关重要的装备。21世纪,拥有太空这个制高点,将在很大程度上左右战争的进程和结局,而且正在迅速向着最终主导战争胜负的方向发展。

(一)卫星系统是实现现代精确作战的可靠保证

卫星系统在目前高技术战争中可迅速获得信息优势,并为远程精确打击提供目标信息。随着精确作战武器的不断增加,战场的纵深距离乃至整个战斗空间的范围正在日益扩大,迫切要求卫星系统实时、准确、可靠的信息支援和保障。在数百至数千千米范围的战区内,要实现远距离的精确打击,必须实时或近实时地获取有关战场环境、目标位置和毁伤效果评估的信息以及为精确制导武器提供精确的制导与瞄准信息。卫星系统能够探测到部署在整个战区,甚至在敌国内的大规模杀伤性武器、导弹阵地和装备仓库以及敌军的集结和调动等重要信息,为己方实施近实时的远程精确打击以及攻击后的战场效果评估提供保障。

此外,对于数字化部队和数字化战场,无论是单兵武器、弹药、火炮、坦克,还是飞机、舰艇、导弹及指挥系统等,都需要各种军事侦察卫星和通信卫星提供和传输数字化的战场信息,即使是一个小分队甚至是单兵,都必须携带并使用卫星终端。在高技术条件下,要想实时、准确地获取、传输和利用数字化战场信息,以及建立强大的数字化军队和范围宽广的数字化战场,就必须有军事卫星系统的支持。

(二)太空将成为信息化战争的重要战场

从世界军事航天力量的发展应用看,近期重点是向直接支援部队作战、提高部队作战能力的方向发展。以美国为代表的军事航天大国则近一步明确提出要控制空间,声称必要时要阻止敌方利用空间,并在空间使用武力。可以预见,空间攻防对抗,即为争夺空间使用权和控制权而进行的制天权对抗将难以避免。2001 年 1 月,美国国家安全空间管理与组织评估委员会在其发表的报告中说:"从历史上看,陆、海、空都爆发过战争,现实情况表明,空间也不会例外。"这不无道理。由于空间设施的重要性和固有的脆弱性,空间设施必将成为未来敌对双方攻防对抗的重要目标。可以预见,随着各种空间攻防武器装备的部署和"天军"的建立,空间的争夺将越来越激烈,空间将成为未来联合作战的主战场。

(三)导弹反卫是全面提升国家军事体系对抗能力的关键

导弹反卫是军队遏制强敌的有效手段,是实现"打赢"的重要保障。美国拥有世界上最庞大的空间军事卫星系统,其武器装备对卫星系统的依赖性最大,由卫星组成的侦察、指挥、通信、导航系统实际是美军的神经网络。但是,卫星系统易受攻击,它是美军整个作战体系中最脆弱的网络节点,一旦遭到破坏,将大大削弱美军的整体作战能力,使其打"技术差"战争失去依托。因此,发展导弹反卫星武器系统,是采取"不对称"作战战略,拥有"杀手锏"武器,在未来战争中削弱强敌战场信息优势,降低其整体作战能力的有效措施。

从军事革命发展来看,发展导弹反卫星武器,将进一步完善军队的武器装备体系和部队体制编制结构,可以创新和发展作战思想和作战理论,提高未来高技术条件下信息化战争的整体作战能力。导弹反卫星武器是高新技术密集型武器,其发展可有力带动大批尖端军事科学技术的发展,对推动军队武器装备向质量效能型和科技密集型转变具有重要意义。更重要的是,发展导弹反卫星军事力量,将会使军队建设把握住世界军事力量发展的必然趋势,瞄准军队建设的最前沿目标,缩短甚至"跳过"一些过时的或即将过时的发展阶段和环节,提高军队建设起点,实现跨越式发展。

第五章 制胜之先——导弹威慑

威慑,随着人类的产生而产生,随着斗争的发展而发展。有斗争就有威慑,斗争是威慑产生的源头,战争赋予威慑全新的内涵,特别有了阶级、国家、军队,当战争以经济利益为目的和作为政治的特殊手段时,威慑就以丰富的实践和崭新的理论出现在政治的舞台上。孙子在总结前人战争经验的基础上,提出了"不战而屈人之兵"战略威慑思想,蕴含了丰富的辩证法思想,由此形成了有其深刻思想内涵的较为完善的威慑理论基础。威慑理论到孙子时期,已经上升到哲学的高度。孙子之后,许多兵书,像《左传》《六韬》《陈纪》《投笔肤浅》和《清太祖武皇常备录》等,都对威慑思想有独到的论述。威慑发展实践中,军事手段特别是核武器不断与政治、经济、外交手段融合,创造了许多令人叹为观止的成功的威慑实践。

第一节 威慑的内涵与作用机理

威慑(亦称军事威慑)是国家或政治集团之间,通过显示武力或表示准备使用武力的决心,以迫使对方不敢采取敌对行动或使行动升级的军事行为。威慑可分为核威慑和常规威慑,也可分为进攻性威慑和防御性威慑等。

一、威慑的内涵

一方为达到一定的战略目的,以实力为后盾威胁对方,从而使其产生某种心理效应(威慑效应)或使其处于某种被慑服的状态之中。其实质是不战而屈人之兵,慑服对方屈从自己的意志。威慑的内涵十分丰富,概括起来有以下几个方面。

(一)威慑是军事力量运用的方式之一

长期以来,人们把军事力量诉诸实战,以战争方式达成某种战略目的作为军事力量运用的首选方式,忽视对威慑的研究运用。核武器出现以后,威慑理论与实践开始逐渐受到重视,人们认识到达成战略目的、解决争端的首选方式不是战争而是威慑。威慑有"抑战"和"遏制"的特征,其根本立足点是制止战争。企图通过战争,谋取战略利益,自己也要付出血的代价和巨大的经济损失,是最不明智的举动。军事力量运用的最高境界是"不战而屈人之兵",通过非战手段满足所追求的战略利益是威慑的核心所在。

(二)威慑的主体是国家或政治集团

实施威慑的主体与实施战争的主体是一致的,都是国家或政治集团。威慑层次高、战略性强,不仅受政治的制约,而且又直接服务于政治,具有很强的政治性。

(三)威慑的目的是遏制对方采取军事行动

无论是进攻方还是防御方,都可以采用威慑达成目的。进攻方可用威慑使对方放弃抵抗,屈从自己的意志;防御方可用威慑使对方望而却步,放弃进攻企图。威慑的真正奥妙,在于能以小的代价,谋取更大的胜利,止戈为武或不战而胜。

（四）威慑的基础主要是军事实力

这与谋略有显著区别。谋略在一定的军事实力上更讲究奇异、诡诈，而威慑运用中虽然要有一定的谋略，但主要靠军事实力，实力越强威慑可信度越大。那种拿"纸老虎"虚张声势的行为，只能一时，不可一世，还可能造成不可挽回的后果。

（五）威慑的方式是向敌方显示自己的意志和力量

威慑通过舆论宣传、实力展示、演习等方式向敌方显示自己的意志和力量，以期达成战略目的，只是做出使用军事力量的样子，而并非实际使用军事力量。威慑的方式与实战的方式完全不同，威慑与实战泾渭分明。

导弹威慑是指使用导弹武器为达成特定的战略战役目的，在统一计划下进行的一系列以声势和武力使敌人畏服的军事行动。基本任务是根据最高统帅部的威慑企图，使用核导弹对敌实施核威慑，使用常规导弹对敌实施常规威慑或威慑性警告打击，以期达到遏制战争爆发、控制战争规模、防止战争升级和迫使敌方屈服的目的。

二、威慑的作用机理

"不战而屈人之兵"能否实现？又如何实现？这要从威慑机理上加以探讨。

（一）威慑要素

威慑要素是指构成威慑不可或缺的基本因素。威慑要达到制止战争、防止战争扩大的目的，必须具备以下三个基本的要素。

1.威慑力量

威慑力量是威慑的物质基础，它是威慑要素中最基本、最重要的因素。威慑力量随时可以转变为打击力量，这是威慑有效的前提。一个国家的威慑力量通常有政治实力、经济实力、军事实力、科技实力，以及国土、人口、地理、道德等诸因素构成。其中，军事实力是主战力量，是最直接的威慑力量，力量越强大威慑可信度越高。

2.使用力量的决心

力量与决心是实施有效威慑的基本条件，仅有威慑力量，而没有威慑决心，是难以形成有效威慑的。在确定威慑决心时，一是要明确威慑对象。威慑对象的意志、心理、素质、特点、爱好、个性等都将对威慑效果产生巨大影响；二是要明确威慑目标，即威慑最终要达到的目的。威慑目标的选择一定要根据总的威慑企图、对抗双方实力比较、国内外形势等综合考虑，过高的威慑目标难以收到预期的效果，过低的目标不仅不能发挥威慑作用，反而会错失良机。当双方的军事实力大致平衡时，就会出现相对稳定的威慑态势。

3.显示使对手信服的威慑力量与决心

只有当威慑者的力量与决心作用于威慑对象，并使其相信这样的力量与决心时，威慑才能达到预期的效应。威慑者与被威慑者之间的信息传递过程，是有效威慑的一个重要环节。随着信息时代的到来以及信息和传递信息的手段增多，能力增强，这不仅为威慑信息传递提供了更先进的手段，而且也为威慑运用拓展了更为广阔的空间。

威慑方在对被威慑方实施军事威慑时，只有将以上3个基本要素有机结合起来，才能发挥军事威慑效能。

（二）作用机理

威慑通过影响对方判断奏效，它是一个心理过程。其作用机理是：实施威慑的一方利用军事力量一旦付诸实施后曾经造成的惨重后果(无须是来自于当事双方曾经交战的后果,或者说被威慑方无须真实受到"切肤之痛"),打击对方的心理,进而影响对方的战略判断,使其认识到若一意孤行,必得不偿失,后果难以忍受,从而放弃采取某些军事行动,达成威慑目的,如图5.1所示。

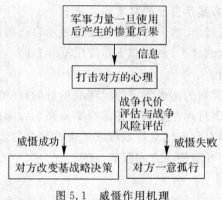

图 5.1　威慑作用机理

威慑作用机理通过下述威慑运行机制得以实现。

(1)对抗开始→威慑信息传递→被威慑者不采取行动→收敛其行为→威慑成功→对抗结束。

(2)对抗开始→威慑信息传递→被威慑者采取反威慑行动→反威慑信息传递→威慑者如果不采取行动→宣告威慑失败→对抗结束。

(3)对抗开始→威慑信息传递→被威慑者采取反威慑行动→反威慑信息传递→威慑者采取新的威慑行动→新威慑信息传递→被威慑者如果不再采取反威慑行动→新威慑成功→对抗结束。

分析威慑作用机理和运行机制,还可得出以下有益启示。

1.慑战一体

实战是威慑的继续,一旦威慑失灵,能适时将军事威慑力量变成实战打击力量,以增强威慑的可信性。虽然威慑难免有虚张声势的成分,但是无论如何都要以使用军事实力和实战准备作后盾,没有实实在在的实战能力和实战准备作支柱,就很难有真正的威慑效果。军事力量越强大、军事力量一旦使用后产生的后果越惨重,威慑效能、威慑成功可能性越大。军队建设的着眼点是威慑——慑止战争、遏制战争,但立足点必须是实战——打赢战争。

2.代价评估与风险评估是威慑发挥作用的基础

任何行动都要付出代价,代价与收益大小关系,是决定是否行动的动力"阀门"。同时,在威慑中,还存在一个威胁兑现的问题即兑现威胁的可能性有多大,也就是风险评估。一般来讲,对方要付出的代价越高,军事威慑就越有效;威慑兑现的可能性越大,对方要冒的风险越高,军事威慑就越有效。

3.作用与反作用同一

(1)就威慑本身而言,威慑方的作用,必然会引起被威慑方的反作用,即威慑与反威慑。

(2)就威慑力量而言,一方从进攻或防御上发展威慑力量,必然引发被威慑方的力量的发展。

4.均势威慑可保持战略平衡

当威慑方与被威慑方双方的军事实力(或综合国力)达到均势时,就会出现互相威慑的稳定态势的局面。就核威慑而言,在核均势条件下,核战争的结局是双方的毁灭,特别是出现双方都具有强大的二次打击能力后,核战争不可能达成任何政治目的。均势平衡是战略稳定的基础。

第二节　不战屈人之兵的核威慑

核威慑是指使用导弹核武器对敌实施威慑的行动。导弹核武器具有巨大的杀伤破坏力,对政治外交影响重大,其使用受到严格的限制。核威慑是以采取核打击行动可能产生的严重后果相威胁,通过实力展示、示形造势等方式,让敌对方承受巨大的心理负担,使其意识到若一意孤行必将受到核打击,付出的代价将超过成功后的收益,从而使敌对方放弃该行动,达成"不战而屈人之兵"的目的。核威慑与核实战之间存在着严格的界限,战与非战泾渭分明,从核威慑到核实战是一个"突变"的过程。一般来说,高等级核威慑行动是组织核导弹部队向预定区(海)域发射携带非核弹头的核导弹或公布核打击目标,这是核威慑不可逾越的门槛。

一、核武器的产生和在战争中的首次使用预示着核威慑时代的到来

谈到核威慑,就不能不提及 20 世纪 40 年代那震惊世界的一幕:美国用刚刚研制的两颗原子弹——"小男孩"(Little boy)和"胖子"(Fat man)——轰炸了日本的广岛和长崎。核轰炸造成的惨烈后果,人们至今记忆犹新,谈核色变。

1945 年 8 月 6 日 8 时 15 分 5 秒,美国 B—25"埃诺拉·盖尔"号轰炸机载着的"小男孩"飞抵日本广岛,从 9 900 m 高空投下,在广岛上空约 600 m 处爆炸(爆炸当量约 $2×10^4$ t),飞机投弹后急转 150°,并加大速度脱离。炸弹投下后约 50 s 爆炸,接着是一团火球,广岛上空有一团直径约 4.8 km 的深灰色蘑菇状烟云,随后上升到高空。8 月 9 日 10 时 55 分,B—29 轰炸机载着代号为"胖子"的第二颗原子弹飞抵长崎上空,由于云雾影响,投弹手匆忙瞄好山谷中的一条跑道,即将原子弹(爆炸当量约 $2×10^4$ t)投下。爆心比预投目标偏离 2.4 km,正是两家兵工厂中间。11 时零 2 分,长崎出现了异常炽亮的蓝色闪光,先是沉闷的轰响声,接着刮起一阵飓风,冲击波和震动延续了达 5 min 之久。威力巨大的原子弹给广岛和长崎造成了毁灭性的灾难。据有关资料报道,"小男孩"在广岛的爆炸及其引起的大火立即夺去了至少 6.6 万人的生命,后来又有数万人因受到核辐射陆续丧生,16 万余人致伤,市区 81% 的建筑顷刻间变成残垣断壁和一片瓦砾。而"胖子"对长崎的袭击,尽管人们从思想上到防护上都有了某种程度的准备,加之长崎的山地地形对袭击后果有所减弱,受到的破坏程度比广岛轻些,但仍使长崎 20 多万居民中的 4 万多人丧生,约 6 万人受伤,68.3% 的建筑毁于一旦。这是核武器第一次,也是迄今为止仅有的一次实战运用。原子弹空前巨大的杀伤和破坏力,一方面,震惊了日本战时内阁,加速了日本军国主义的彻底失败和无条件投降,另一方面,原子弹爆炸给千千万万日本平民造成巨大的灾难,也在国际社会上引起了强烈反响。

第二次世界大战后,核武器和常规武器一样,一度被认为是可以实际使用的武器,是一种摧毁敌人工业中心的一种更有效的爆炸物。导弹特别是弹道导弹与核武器的结合产生了导弹核武器,弹道导弹核武器(目前数量最多的导弹核武器)至今对世界上绝大多数国家而言,还是

无法积极防御的武器,只能采取疏散隐蔽、深藏地下的被动消极防御措施。因此,导弹核武器更是让人谈之色变、不寒而栗的核武器。半个多世纪以来,核恶魔或低沉哀鸣或狂怒咆哮,世人谈核色变,心怀恐惧,导弹核武器俨然是一把"达摩克利斯之剑"高悬在头顶,威胁着人类的生存和安全,人们时刻担心战争狂人受"疯狂症"的驱使,把世界爱好和平的人民拖入共同毁灭的深渊。核武器的出现和在战争中的首次使用,使人类社会生活在核战争威胁下的时代,核威慑成了举世瞩目的全球性问题。

二、核威慑化解古巴导弹危机

1962年10月24日,美丽的加勒比海风平浪静。然而,就在此时,美国90艘军舰组成的庞大舰队,在68个空军中队和8艘航空母舰护卫下,封锁了加勒比海中的古巴海域。与此同时,美国导弹部队一部奉命处于高等级戒备状态。80架B—47型轰炸机做好了随时出击的准备,上百架B—52战略轰炸机满载核弹,通宵达旦地轮流在大西洋上空盘旋,100枚"宇宙神",50枚"大力神I"和12枚"民兵"洲际导弹在发射台上听候指令。号称世界上最强大的美国海军的一支9万人的陆战队和25万人的增援部队以及可以发动2 000架次攻击的军用飞机正待命出发,攻击的矛头直指美丽富饶的岛国——古巴。

1959年1月古巴革命的胜利,使美国在拉美的霸权地位遭到了一次沉重的打击,更为严重的是,它在紧靠美国的加勒比海地区打开了一个缺口,使苏联对拉美的渗透和扩张得到了一个立足点,苏联以此为契机,加紧了对古巴和拉美的渗透。

与此同时,美国继续使用各种强力手段,多次对拉美国家进行武装干涉和颠覆活动,千方百计企图扼杀古巴革命,防止苏联在美国的"后院"取得立足点。

1961年7月,当时苏联领导人赫鲁晓夫鉴于美国已在土耳其、意大利和西德部署了以苏联为目标的导弹基地(实际上已用导弹包围了苏联),便采取冒险主义政策,以保卫古巴为名,下令苏联战略火箭军在古巴悄悄地修建导弹发射场,试图把42枚SS—4、SS—5中程核导弹及轰炸机部署在美国的"后院",并将目标对准美国大城市。一旦向美国发射导弹,在两三分钟的时间内即可打到美国,从而实现战略目的。

直到1962年10月18日,苏联外交部长葛罗米柯在白宫接受肯尼迪会见时,还矢口否认苏联在古巴部署了导弹。面对苏联的否认,10月22日7时,肯尼迪在广播电视演说中声称,由于苏联在古巴建立了导弹基地,因此美国决定派兵对古巴进行军事封锁,对一切正在运向古巴的进攻性军事装备实行海上"隔离",并且加强了对古巴本土的监视。

美国再一次向苏联发出了措辞严厉的警告。根据武装部队总司令肯尼迪的命令,美国海军派遣了40艘军舰和2万名海军士兵实行封锁古巴的军事行动。与此同时,美国部署在世界各地的军队也进入了高等级战备状态。

肯尼迪还宣布从10月24日起,美国军队将在加勒比海海域拦截一切可能驶往古巴的船只,并宣称只有苏联撤回部署在古巴的导弹和其他进攻性武器,才能消除加勒比海危机。

面对美国的强硬立场,赫鲁晓夫起初采取了不予理睬的态度,行驶在大西洋上装载着中程核导弹的苏联船队依旧破浪前进,驶向古巴。于是,美军的19艘巡洋舰和驱逐舰全速前进,前去拦截苏联船队。

赫鲁晓夫对肯尼迪的强硬架势感到震惊,以为肯尼迪不敢把美国拖入战争,但事实证明他的如意算盘打错了,苏联的船队被迫在海上停了下来。

赫鲁晓夫不得不答应了肯尼迪的要求:苏联在联合国的监督下,撤出在古巴部署的一切进攻性武器,运送导弹的船队立刻掉头,并且保证不再运入。

11 月 21 日,赫鲁晓夫签署命令,下令苏联停留在大西洋的船队立刻调头返回,在 1 个月内撤走苏联在古巴的全部导弹和"伊尔"—28 型轰炸机。随后,肯尼迪也下令取消了对古巴的军事封锁。

加勒比海地区发生的这场震惊世界的古巴导弹危机,使世界处于千钧一发之际,差一点引发了一场核战争。在人类进入核时代以来,在美苏军备竞赛和争夺世界霸权的激烈斗争中,没有任何一次危机达到如此惊心动魄的程度。战争的硝烟终于没有在美丽的加勒比海上燃烧,风云骤起的加勒比海又重新恢复了平静。

这次古巴导弹危机的化解,也被世人公认为是一次核威慑成功的范例。

三、核威慑成为政治家军事家的首选策略

导弹核武器的巨大威力赋予核战争全新的性质,使军事斗争中传统的得失评估失去意义。导弹进攻的几乎不可防御性、导弹核武器技术扩散以及导弹核武器以城市为打击目标的难以避免性,都决定了核战争会给全人类包括胜负双方带来灾难性后果。在未来的核战争中,所谓的赢家遭受的损失会比历史上任何战争中的输家遭受的损失还要惨重,谁首先发动核战争,谁就将第二个被毁灭。核武器 1945 年首次被用于实战造成的惨烈后果,超出了人们道德、心理承受能力的底线,致使导弹核武器逐步由实战型武器转向威慑型武器。

在冷战时期发生的朝鲜战争、台湾海峡危机、古巴导弹危机、中东战争以及越南战争中,美国都曾认真考虑过使用核武器的问题,但出于种种考虑,每次都不得不放弃了。在古巴导弹危机中美国最接近于使用导弹核武器,但为了避免两个超级大国的高强度核对抗,严重损害自身利益而放弃。另外,威胁使用核武器,实际上只会加剧地区的紧张局势,反而使形势变得更加危急,甚至是事与愿违。

导弹核武器使用与否主要不取决于军事上的需求,更多要考虑政治外交上的限制,依靠导弹核武器的报复能力慑止战争成为比谋求全面胜利更好的选择。通过舆论宣传、实力展示、提高导弹武器戒备程度、兵力造势、演习(试验)发射以及公布核打击目标等方式实施不同强度的核威慑,将是核时代敌对双方最好的战略选择。

四、核威慑的巨大效应使"无核武世界"遥不可及

核武器的存在,对世界安全构成了巨大威胁。自核武器出现之日起,人们就在为最后消除它而做着不懈的努力。出于某种目的,新上台不久的美国总统奥巴马就向世界发出呼吁建立"无核武世界",并且美俄两个世界超级核大国特别是美国,率先做出某种姿态,就大量削减两国核武器数量(由当前每家上万枚削减至 1 500 枚以下)达成一致。应当说,无论美国出于何种目的,这都是个应该受到全世界欢迎的利好消息。与此同时,核武器巨大的军事威慑效应也使得导弹核武器成为许多国家竞相角逐的目标,特别是一些有着特殊政治目的的弱国、小国更是千方百计、绞尽脑汁想获得导弹核武器,尽快跨入有核国家之列,形成存在即威慑的局面(有无导弹核武器在性质上、本质上有天壤之别,拥有导弹核武器本身就是最大的威慑)。目前,世界上有几十个国家拥有导弹,掌握核技术的国家也多达数十家。复杂的国际形势使得导弹核武器技术扩散难以控制,核裁军步伐在艰难中前行,建立"无核武世界",实现人类最终消灭核

武器的愿望还非常遥远。

第三节 小战屈人之兵的常规威慑

陆基、空基、海基常规导弹武器特别是陆基远程导弹的作用,最突出地体现在它同时具备实战和威慑双重能力上,标志着一个国家有能力运用常规导弹武器远距离直接打击对方的军事、交通和经济目标。以打击敌方的军事、交通和经济目标相威胁或实施警告性打击,阻止敌方所采取军事行动或其他行动,已成为各国常规威慑运用的重要方式。由于常规导弹威力与导弹核武器相比差别巨大,使用后造成的后果更不可同日而语,因此,常规威慑运用的核心是"武力(小战)取势,迫敌屈服"——实战威慑,主要靠实际限定性使用武力震慑敌人,达成迫敌屈服的目的。

一、两伊战争中的常规导弹实战威慑

伊朗和伊拉克是西亚的一对"冤家",双方一直在阿拉伯航道的归属问题上存在争议、结怨甚深,并进行过大小200多次的战争。

1980年9月22日晨,伊拉克出动了几十架战机对伊朗包括德黑兰在内的几个空军基地进行了空中突袭。

伊朗迅速发动了反攻,伊拉克首都巴格达,第二大城市巴士拉和基尔库克油田地区均遭到轰炸。

自1982年6月到1983年2月,双方投入了数十万兵力在巴士拉展开了拉锯战。尽管战争空前激烈,双方损失巨大,但始终没有一方能够占据绝对优势。两伊战争俨然变成了一场消耗战。

从1985年8月起,两伊开始把攻击的目标从油轮改为对方的油田和城市,双方都向对方发射了大量导弹进行持续不断的大规模袭击。在导弹互袭中,美苏和西欧国家的导弹武器如"霍克""轻剑""山猫""萨姆—7"等防空导弹及"响尾蛇""麻雀""秃鹰"等空空、空地导弹悉数登场。两伊战场简直成了导弹武器的实验场,这些导弹给双方空军和地面部队造成了不小的损失。

不久后,战争史上首次出现了"导弹袭城战"。先是萨达姆用"飞毛腿"导弹袭击伊朗的大城市,在遭到伊拉克导弹袭击后,伊朗以牙还牙,也向伊拉克的城市发射了"飞毛腿"导弹。在这场50余天的"导弹袭城战"中,双方你来我往,相互攻击,一时间导弹横飞。伊拉克对伊朗总共发射了以"蛙"式和"飞毛腿"式地地导弹为主的189枚导弹,成功地袭击了伊朗的40多座城市,炸毁了数千幢房屋和建筑物,炸死炸伤近万人。而伊朗方面也对伊拉克发射了百余枚导弹,攻击了以巴格达为中心的20多座城市,炸死炸伤伊拉克军民数千人。在这场规模空前的导弹战中,双方的军事、经济受到严重损失,两国的平民都产生了强烈的反战情绪,热切盼望尽快结束这种人心惶惶的日子。

这场战争使伊朗和伊拉克着实两败俱伤。到了1988年,双方均无力再战,经外界调停,双方以谈判方式结束战争。

综观这场旷日持久的两伊战争,双方大量装备并使用的各类常规导弹武器确实都给对方造成了显著的威胁,特别是给双方军民造成了难以修复的心理创伤,常规导弹的威慑效应可见

一斑。

二、常规导弹威慑与实战的界限趋向模糊

威慑与实战性质不同，当然不能混为一谈，它们之间是有界限的。但是，随着常规导弹武器的日益发展、不断扩散以及人们对威慑理论认识的逐步深化，常规导弹威慑与实战呈现相互交融、渗透的趋势，使得导弹部队军事威慑运用与实战之间界限模糊。

常规导弹杀伤破坏力有限，仅凭示形造势、威胁恫吓难以达成预定目的。因此，常规威慑往往要通过实际限定性使用常规导弹，对敌非重点（或重点）个别目标实施低强度火力打击，以示警告，达成预定目的。一方面显示威慑方具有远程打击能力和敢于实施更大规模导弹突击的决心，另一方面使对方意识到若一意孤行、肆无忌惮，必将遭受更为严厉猛烈的打击，承受更为巨大的损失，从而以小战达成迫敌屈服的目的。这种"小战"就是所谓的威慑性警告打击，它介于"非战"与"战"之间，具有灰色性，从常规威慑到常规实战是一个"渐变"过程。

美国为了报复利比亚的所谓"恐怖行动"，决定对其实施代号为"黄金峡谷"的外科手术式的打击，大量的精确制导武器摧毁了卡扎菲的营地和住所。美国人认为这次行动在战术上是实战，在战略上是威慑。海湾战争中，伊军零敲碎打地向以色列、沙特等国发射了80多枚"飞毛腿"导弹，虽然有战绩，但却少得可怜。战后，人们评论萨达姆手下导弹部队的行动，与其说是为了作战，倒不如说是为了威慑。

三、常规导弹警告性威慑打击是威慑运用的重要方式

警告性威慑打击是指运用常规导弹对敌非重点（或重点）目标实施低强度火力打击，以显示己方实施纵深打击的能力和坚定决心，最终达成迫使敌方屈服的目的。威慑性警告打击的目的并非想点对方的"死穴"，置之于死地，而仅仅是想让对方受点"皮肉之苦"（至多是"伤筋动骨"）而有所收敛甚至是放弃。警告性威慑打击属于超高强度威慑的范畴，政策性极强。在实施威慑性警告打击时，要严格控制火力打击强度、目标性质和范围，充分体现威慑打击的"警告性"，掌握好分寸，并与政治外交斗争和舆论宣传相配合，防止越打越大，局面失控，超越军事威慑的门槛而使行动性质发生改变，使得事与愿违。

四、常规导弹远程打击将成为信息化局部战争中实战威慑的主要样式

常规导弹远程空袭具有超视距打击、隐形突防、精确突击、速战速决、灵活机动等特点。导弹武器强大的攻击力和快速的机动力，能够实施"非接触"式的全纵深打击，使对手难以组织有效的防御，易于迅速达成战争目的，而且战争更易控制，并可大大减少己方人员的伤亡。海湾战争及其后发生的战争特别是科索沃战争，常规导弹远程打击贯穿战争始终，特别是在战争初期，常规导弹远程打击是首选作战样式。常规导弹远程打击比其他战争手段更适合信息化条件下局部战争的需要，将成为信息化局部战争中实战威慑的主要样式。

第四节　方兴未艾的空间威慑

空间威慑是指运用空间军事力量使对方不敢轻易采取军事行动，保证己方的安全和行动自由的军事行动。导弹技术的发展促使宇宙空间军事化的进程不断加速，空间侦察、预警、通

信、导航等已经成为信息化战争的一支重要力量,空间威慑应运而生。"谁掌握了太空,谁就掌握了世界"。占据空间优势是赢得战争主动权的重要基础和前提,要充分利用太空战场实施军事威慑,并使威慑效能不断提升,达成不战而慑服对手的目的。

一、空间力量的迅速发展为空间威慑奠定了物质基础

空间力量是随着导弹武器的发展而出现的新型军事力量,这支力量既是外层空间作战的主力军,也是地面(海上、空中)部队作战的关键因素。它的形成和发展,对传统的军事战略、军事理论产生了重大的影响和变革。

空间力量包括直接对抗力量(如定向能武器和动能武器)和作战管理与支援保障力量(如预警系统、指挥中心和通信系统等)两大部分。

(一)洲际导弹和军事卫星的出现标志着空间力量的诞生

20世纪50～60年代初,美国和苏联先后发射成功了洲际导弹,并利用稍加改变的洲际导弹弹体作为运载火箭把人造地球卫星送入轨道。洲际弹道导弹和各种军用卫星是空间领域最早出现的武器装备,是空间力量的雏形,其部署和运用预示着空间军事化的开始。空间部署的各种侦察、监视、预警卫星,是空间的"秘密哨兵",起着探查敌方军事情况的"耳目"作用。地球上的弹道导弹试验、核爆试验和航天活动、战略导弹的部署、部队的调动以及国防施工等军事行动都在侦察卫星的俯视下暴露无遗。军事通信导航卫星是超级"向导",为陆、海、空兵力兵器提供精确的导航及定位数据,气象卫星日夜监视着地球上的风云变幻,军用测地卫星、地球资源卫星不仅为弹道导弹提高命中精度提供地球重力资料,还为准确掌握战场地形提供了手段。

(二)反弹道导弹和反卫星武器是主要的空间威慑力量

弹道导弹具有射程远、速度快、威力大、精度高、抗干扰和难防御的特点,人造卫星在军事上的应用也越来越广泛,这些都对国家的军事系统以及国家安全构成了严重威胁。冷战时期,为了争夺空间霸权,美国和苏联竞相研制发展反弹道导弹武器和反卫星武器,并相继于20世纪60年代、70年代试验成功了反卫星武器并部署了各自的反导系统。美国先后部署了"奈基-宙斯"和"卫兵"反导系统,以保护它的洲际导弹基地。苏联在莫斯科周围部署了"橡皮套鞋"反导系统,以保卫首都免遭美国的战略核袭击。目前,美国研制部署了更为实用和先进的TMD和NMD反导武器系统,陆基"爱国者"反导系统还在海湾战中成功拦截了伊拉克发射的多枚"飞毛腿"导弹,名噪一时。2008年2月,美国利用专门改进的海基"标准—3"反导系统,将本国一颗失控军事卫星成功击落,世人瞩目。俄罗斯也研制部署了更为先进的S—400防空反导武器系统。目前,反弹道导弹导弹和反卫星武器是空间威慑的主要力量。

(三)军用航天器及新概念武器将是未来空间威慑的生力军

以导弹技术为基础的军用航天器如载人飞船和航天飞机,能在空间执行多种军事任务,提高空间侦察、通信、预警和导航能力,是组建空间军事设施的重要手段。利用航天飞机在空间组装大型空间站,配置相关侦察设备,不仅能探测、跟踪飞行中的弹道导弹、巡航导弹和飞机,而且可以跟踪海上航行的舰只、地面行驶的装甲车辆,甚至可侦察、监视水下潜艇的活动。载人航天器既可以作为空间指挥控制中心,更有效地指控战争全局,协调地面、海上、空中和空间作战行动,又可以作为空间武器平台携带新概念武器拦截、摧毁敌方导弹、卫星或支援地面战斗。新概念武器主要指定向能武器(如激光武器、粒子束武器、微波武器等)和动能武器(如电

磁炮、卫星拦截弹等），以及能跟踪、识别、捕获和破坏敌方航天器的各种轨道武器（如能捕获敌卫星的卫星、空天飞机）。它们既可以从地面、也可以从太空基地发射以摧毁敌方卫星、截击来袭导弹弹头、航天武器或敌机，是对付来袭导弹和敌方卫星的理想武器。

据报道，2010年4月23日，美国X—37B无人航天器——空天飞机在佛罗里达州卡纳维拉尔角空军基地试飞成功。X—37B空天飞机更像个智能机器人，既可以像航天器一样在太空轨道飞行，又可以像普通飞机一样在大气层内飞行，可重复使用且使用间隔时间短，飞行速度更快，可以在2h内对世界上的任何目标实施军事打击。X—37B空天飞机的试飞成功引起世界极大关注，太空军备竞赛也许就此拉开序幕。从未来发展看，军用航天器及新概念武器无疑将是空间威慑的生力军。

二、空间威慑以多种力量运用方式达成威慑目的

空间威慑的直接目的是利用和控制空间，确保己方空间系统有效生存，同时又限制敌方自由利用空间来支持其作战行动。从空间力量的运用来看，空间威慑主要通过空间侦察慑敌、空间进攻慑敌和空间防御慑敌达成战略目的。

（一）空间侦察慑敌

就是通过空间的各种军用卫星来测定敌方来袭目标或军事潜力，使敌人的军事活动和军事力量暴露无遗，给敌人造成巨大的心理威慑。1961年6月柏林危机期间，苏联曾就柏林问题向美国及其盟国发出最后通牒称，苏联将在紧急情况下使用洲际核导弹。美国通过照相侦察卫星拍摄的照片判明，苏联的洲际弹道导弹竖立在丘拉坦的发射架上，还处于发射试验阶段。此时，白宫顿悟，这是苏联在进行讹诈。1961年10月6日，肯尼迪与葛罗米柯会谈时出示了卫星照片，苏联灰溜溜地撤销了通牒。

（二）空间进攻慑敌

一是把在地球轨道运行的空间力量（如空间平台上发射的"轨道轰炸器"）的势能在最短时间内出其不意地变成攻击敌人的动能，使敌认识到空间随时可能有力量对自己构成威胁，而不敢轻举妄动。

二是利用空间武器（如载人航天器上安装的武器系统）和洲际导弹等空间力量，在同一时间以不同方式，对敌实施多向攻击，将使敌难以判断武器的种类及性质，形成全面威慑的态势，从而达成威慑目的。

（三）空间防御慑敌

防御慑敌是指以有效的行动和措施使敌认识到自己的进攻难以达成预期目的，从而慑止敌之进攻。弹道导弹射程远、速度快，可携带多个弹头对敌实施多目标攻击。空间作战力量针对弹道导弹的助推段、中段、末修段和再入段的飞行特点，实施多层拦截。对导弹核武器的有效防御，不仅能极大地削弱敌进攻力量，形成震慑作用，而且能相对提高自身的打击能力，对敌构成极大的心理威慑。

三、空间威慑与导弹威慑联系紧密

导弹威慑是空间威慑的重要组成，空间威慑是导弹威慑的合理发展，二者相辅相成、相互促进，有着密切的内在联系。

（一）从威慑力量构成看，弹道导弹威慑是空间威慑力量的重要组成部分

弹道导弹不仅能用来攻击地面目标，而且能够用于攻击空间目标，是现阶段空间威慑的重要手段。弹道导弹的大部分弹道在外层空间，而对弹道导弹的拦截作战，也主要在外层空间实施。

（二）从威慑打击的目标看，导弹威慑与空间威慑具有一致性

弹道导弹威慑旨在夺取战略、战役主动权，其威慑性打击的目标包括地面目标和空间目标。空间威慑的目的旨在控制空间，限制敌有效利用空间，其威慑性打击的目标既包括敌空间作战平台，也包括敌支持空间作战的地面目标。二者只是威慑打击的侧重点有所不同。

（三）从威慑运用的方式看，导弹与反导对抗威慑是现阶段空间威慑的主要样式

空间威慑主要有导弹与反导威慑、卫星对抗威慑、航天器对抗威慑等几种样式。其中，导弹与反导对抗威慑是以外层空间为主战场，以争夺制天权为主要目的，陆、海、空、天一体化的威慑。

（四）从导弹威慑和空间威慑的发展过程看，空间威慑是导弹威慑的延伸发展

1.导弹武器发展是空间威慑运用的物质基础

航天器和空间武器系统是空间威慑的主体力量，这些飞行器和武器系统必须依靠火箭发动机送入空间轨道。只有火箭发动机发展到一定水平，才能把这些庞大的有效载荷送入空间，空间的威慑运用才可能得到发展。

2.空间威慑是导弹威慑发展的必然结果

导弹威慑的发展历程是导弹射程、有效载荷和精度不断提高的过程，地球卫星的出现是导弹武器发展的一个飞跃，标志着空间威慑的开始。导弹威慑和空间威慑是导弹武器不同发展阶段的产物，随着导弹武器的发展，导弹威慑必然向空间威慑发展，这个发展过程是互动递进的正反馈过程。

3.导弹威慑与空间威慑互动发展

一方面，导弹威慑刺激了空间力量的发展。为对付日益增大的导弹威胁，最有效的办法是加强空间力量建设，在空间建立反导体系，对弹道导弹实施多层拦截，导弹威胁导致空间力量得以不断发展，空间威慑力度也随之不断加强。另一方面，空间力量的发展反过来又增强了导弹威慑的效果。为突破空间防御系统，要不断改进突防技术，采用新的突防措施，空间的卫星能够为导弹武器提供空中导航、打击效果判定等多种必要的保障，空间系统的优势能够减少空间航天器对导弹武器构成的威胁，可见空间力量的发展反过来又能增强导弹威慑的效果。

冷战时期，苏联对美国日益增大的导弹威胁，刺激美国加强空间力量建设，建立反导防御系统，增强了美国的空间威慑实力，遏制了苏联的导弹威胁，相对增强了美国的弹道导弹优势，这迫使苏联人不断改进导弹突防技术，如采用多弹头技术和末制导技术。与此同时，全力发展空间预警、侦察卫星，建立完善的 C⁴ISR 系统，研制反导弹激光武器、粒子束武器、动能武器，不断完善自己的反导系统，最终使苏联的导弹威慑能力得到进一步加强。导弹威慑与空间威慑就是在这种互动关系中，相互刺激，不断发展。

第六章 制胜之本——导弹战

21世纪的近几场局部战争表明,导弹武器已经在很大程度上影响和制约战争的进程,导弹战已经成为现代战争最重要的作战样式之一。目前,为提高作战效能,各国纷纷研制、购买导弹,并迅速为军队装备导弹武器。各种先进技术的大量运用,指挥控制系统的进一步完备,导弹发射平台性能的进一步提高,这些都为导弹战提供了良好条件,同时,导弹战理论也正逐步成为当今先进作战理论的组成部分

第一节 导弹战的本质

相对于传统的空军制胜、海军制胜以及坦克制胜理论,引入导弹制胜的概念,主要基于导弹武器作为现代战争中所发挥的重要作战效能。尽管导弹武器并不是、也不可能是决定战争胜负的唯一重要因素,其本身也还受到多种条件的局限。但是,一个明显的事实是:导弹武器的发展和竞争,以及在作战方面的应用将会更加普遍和更加激烈。这是因为导弹武器用于战争中,由于其具备武器种类多、投射距离远、火力覆盖范围广、打击精度高、破坏威力大等显著特点,打击的目标涵盖了陆、海、空、天等作战领域的诸多目标,作战效能日益显著。因此基于对未来战争的判断,尤其是在被广泛认可的联合作战中,导弹武器必将发挥越来越大的作用。

一、导弹武器在现代战争中已经成为首先使用的武器之一

强调导弹武器在现代战争中的首先使用,主要基于下述三方面。

(一)在短期内,导弹在兵器家族中的霸主地位不会降低

未来的新型武器,尽管种类繁多,软硬杀伤功能显著。但,就目前而言,诸如大型激光武器、粒子束武器、微波武器等均没有进入实战使用阶段,即使将取得技术上的突破,但由于其武器系统化、系列化仍需较长时间,所以在其充分完善之前,高技术战争中,导弹武器唱主角的局面将不会是短期的。同时,在新一代武器发展的同时,导弹武器的性能也会不断得到提高,从而巩固了其在兵器家族中的霸主地位。

(二)从世界范围看,反导武器的发展相对滞后

在导弹武器,尤其是在常规导弹武器的发展过程中,反导技术的确也在不断地发展,但至今还没有能够真正抵御导弹威胁的武器系统。从实战来看,真正用于反导的武器目前仍是导弹自身(如"爱国者"防空导弹)。这种情况决定了导弹、尤其是常规精确制导导弹,将会较长时间地主宰高技术局部战争的兵器角逐场。

(三)近几场局部战争,呈现出地面未动、空天先行的作战特征

通常表现为空军的先期火力突击和导弹先期火力打击两种典型的作战形式。因此,在现代陆海空多维化的一体化联合作战环境下,作为第一阶段作战的重要火力突击力量,导弹部队通常与空军部队共同完成先期火力突击任务。但是,导弹火力与空军火力相比,又表现为自身

独特的火力优势。例如,可以使用导弹先期火力夺取制电磁权,使敌方雷达等电磁设备制盲失效;可以使用导弹先期火力夺取制空权,通过打击对方的机场跑道、停机坪、飞机停放洞库等设施,使敌方飞机不能起飞;可以使用导弹先期火力夺取制海权,通过直接打击敌方的舰船和港口设施,封锁海上行动区域,使敌方的舰船不能出港;上述"三权"的夺控,通常是攻防双方在作战初期关注的焦点,而导弹火力以其自身目标选择的多样性、控制范围的广泛性等优势,在夺控三权的行动中则可以承担打头阵、当先锋的任务。通过导弹火力的运用,为其他军兵种扫清行动的障碍创造了条件。诚然,陆海空三军都具有破坏敌方设施,毁伤敌有生力量的能力,但是,现代战争讲究作战效益和经济效益,选择使用作战效益最高的武装力量作为最佳方案是最直接的选择,而导弹力量能够在要求的时空环境内快速集中足够的战斗威力,能够对预定行动方向的敌方作力量形成瘫痪性的毁伤,从而有效减轻其他军兵种力量的损伤与消耗。例如,1991年的海湾战争中,美国共发射巡航导弹288枚,毁伤伊拉克60%的重要军事目标;2003年的伊拉克战争,美国又发射了1 000多枚巡航导弹,毁伤了伊拉克80%的重要军事目标。有效地提高了作战效率,减少了军力损失,加速了战争进程。

因此,实施导弹先期火力突击,是达到"空天先行"效果的重要手段,那为什么要"空天先行"呢? 这是因为:在目前空天力量大规模使用的条件下,战争样式、作战力量的结构发生了重大变化,作战力量使用的顺序也随之发生重大变化。没有制空(天)权、制海权、制信息权,其他军兵种作战力量的作战行动就难以保障。而导弹是夺取上述制权的主要力量之一。这是因为:导弹具有远战能力强、突然性大、作战节奏快、打击效果好等特点,可对全纵深的重要战略目标、航空兵基地、地面防空体系、作战指挥系统,给以迅速的摧毁性打击,对夺取战略、战役制空权具有十分重要的作用。因此,导弹武器在较大规模的现代战争中,将成为夺取制空权的强大的突击武器之一。特别是当今技术发达的国家,导弹武器装备呈现出技术准备时间短、戒备状态高、攻防体系完善、突击效能高的特点,这些都为其先期夺控三权创造了有利条件。

二、导弹武器在现代战争中已经成为一支重要的攻击力量

随着战争形态的发展,使用精确制导武器,实施远程打击,增强作战效率,减少军力损失,加速战争进程,已经成为实现战争目的极其重要的手段。而导弹武器在战争中影响战争走向的突出地位已经显现。导弹不但能够承担作战之初的先期火力首先使用的火力突击任务,而且能够依据战争进程的发展,承担全程使用的任务,为空袭与反空袭、封锁与反封锁、压制与反压制等作战行动扫清障碍,创造条件。从首先使用到全程使用,这是一个观念的转变,即未来战场,导弹力量使用将贯穿于战争的全过程、各阶段、各个环节。现代战争的着眼点,从最初的攻城略地、占领国土之领土之争已经逐步转向瘫痪敌方的领导指挥系统、关乎国计民生的运转机制和战略系统达成迫敌就范,从而最终达成强迫、威逼、按我的意志行动的政治和经济目的。而远程作战能力、精确打击能力、综合毁伤能力强的导弹力量自然也就成了作战的主要力量。基于导弹武器的作战优势,当前,面对新军事变革的大潮,世界各国都在谋求导弹部队作战实力的整体提高,特别是常规导弹规模的不断扩大。一些机动性能好、生存能力强、性能先进的导弹纷纷涌现。20世纪90年代以来,导弹朝着小型化、隐形化、机动化、智能化、控制器件微电子化、高精度化的方向全面发展,出现了大范围更新换代的局面。常规导弹的发展和应用成为主流。美、俄两国开始压缩战略核导弹数量,提高质量,对原有型号进行革新改进,以提高快速反应能力、精确打击能力、电子对抗能力和突防能力,提高导弹可靠性,延长导弹使用寿命,

导弹在未来战争中的地位和作用将越来越突出。据统计,到 20 世纪末,世界上已有近 30 个国家和地区能自行设计、制造导弹,型号 800 余种,有近百个国家和地区的部队装备有导弹。尤其在联合作战中,对于那些难以全面掌握制空权、制海权、制电磁权的情况下,以常规导弹为主体的进攻作战样式,有可能成为赢得战场主动,甚至是影响整个战争全局的基本作战样式。虽然,不敢妄加断言导弹在未来战场上能够起到主导战争进程的作用,但是,确立导弹部队的主战意识,则有利于我们正确认识导弹在现代战争中的地位作用,有利于牵引我们进一步认识战争,引发观念上的改变,从而牵引导弹作战运用理论,研究牵引导弹力量建设发展模式的战略性、实质性、历史性的变化,推动导弹部队建设实现新的跨越。

导弹武器作为重要的攻击力量,具体表现如下。

1. 使用导弹武器,提高了作战的费效比

精确打击,减少消耗,是现代战争的客观需要。现代战争的物资消耗是十分巨大的,就海湾战争而言,连美国这样经济实力雄厚的大国也很难独立支撑。为了减少经费开支及人员伤亡,战斗的双方都希望用少量武器达到战争目的。导弹武器因为具有这种独特的优点而受到人们的重视。使用导弹作战,不仅可以有效地摧毁目标,而且还可以有效降低火力打击波及范围。从这个角度讲,导弹战也符合现代局部战争中暴力有限运用的原则。

2. 使用导弹武器,为实施大纵深火力打击创造了条件

大纵深火力打击,是现代局部战争的主要作战样式之一。纵深作战思想,实质上是充分利用存在于敌方纵深内的弱点,打击其要害而使敌受到全面的攻击,达到制胜的目的。导弹武器射程远、威力大、精度高,它的出现为大纵深作战理论的实战运用提供了完备的战术技术条件。

三、导弹武器在现代战争中已经成为一支重要的决胜力量

如前文所述,目前,导弹武器的发展种类越来越多,其辐射范围越来越广,使用领域越来越多。从世界各国军队的武器配置结构看各军兵种结合自身的作战特点和作战样式,都在谋求各种类型的攻防武器的发展,尤其是导弹武器,比如陆军有反坦克导弹,海军有反舰导弹,空军有空空和空地导弹,等等。为了反制敌方飞机、导弹等远程武器攻击,不少国家和地区也陆续研制和引进导弹防御系统,如俄罗斯的 C—300 系统、美国的"爱国者"系列防空导弹就是典型的代表。可见,导弹武器事实上已经成为现代战争一支重要的决胜力量,或者能够为战争夺取最终的胜利创造决定性的条件。利比亚前总统卡扎非被美军无人机跟踪后,发射导弹击中射杀,改变了利比亚战争的局面,又是一次有力的证明。回顾海湾战争的胜利,之所以使得美军走出了越南战争失败的阴影,其最直接的经验就是有效地使用了包括飞机、各种类型导弹在内的空中打击力量(之所以把导弹纳入空中力量的范畴,主要是因为导弹作战战场包括阵地区、飞行区和目标区,而空天战场则是导弹的飞行区)。20 世纪 50 年代中后期,美、苏对自己的空天武器装备发展进行全面筹划、超前设想、狠抓落实、不等不靠,曾经出现了研发地对地导弹武器的热潮,如美国的"红石""潘兴""丘比特""雷神",苏联 SS—4,5,6 导弹相继涌现。他们认为,导弹在一定程度上就是一种无人驾驶的轰炸机,因此属于空中打击力量的范畴。综观目前世界各国军队在编制上导弹归属不一样(尤其是地对地中远程以上战略弹道导弹),例如,美军把战略导弹归属为空军,俄罗斯把其战略火箭军由军种降为兵种,但无论怎么样的隶属关系,导弹的作用地位没有根本改变,充分发挥导弹作战的效能,则是各国军队所追求的终极目标。

另外,强大的导弹力量,无论使用与否,它存在的本身就是一种巨大的战略威慑力量。拥

有并使用导弹武器,可在已方基地或海上、空中对远在数百乃至数千公里之外的敌国目标实施"外科手术"式的突袭或持续不断的打击,既能快速、突然地达成企图,又避免了直接接触,而且不受时间限制,想打就打,想停就停。原本需要动用数十万、上百万大军,经多年远征和苦战才能达成的目的,也许只需发射数十枚或数百枚导弹,经过几小时、几天时间的作战就可以基本达成。

四、导弹制胜的辩证思维

应当看到,20世纪产生的军事理论,带有明显的"技术决定"倾向,甚至一再陷入误区。虽然其在关注军事技术发展方面不失敏锐性,在重视新武器装备和新军种作用方面有积极意义,但它们都把战争的制胜因素完全归结为先进的武器装备,这在根本上是错误的,都是有悖战争及其指导规律的。未来作战是全维作战,即使有某种以十分先进的技术装备为基础的军种出现,但单纯依靠任何一个新军种,也难以达成目的。回顾第二次世界大战的历史,我们可以清晰地看到,德国虽然有"坦克制胜论"的支撑,但其发动的闪击战最终还是以失败而告终;战后,美苏虽大力发展核武器和导弹武器,核武器制胜论由此而生,但核武器最终也没有成为"决定性武器",在朝鲜和越南发动的侵略战争均以失败告终,阿富汗也成了苏联的"滑铁卢"。因此,从唯物辩证法的角度,我们应当看到,即使是生产力水平较低,特别是科学技术不占优势的一方,并非不能创造新的有利于克敌制胜的战争理论。只要充分认识到新武器装备给战争带来的变化,从战争的实际需求出发,从对抗的需要出发,照样可以创造新的战争理论,并以理论的先进性弥补武器装备的不足。因此,虽然导弹在现代战争中可能首先使用、成为一种重要的攻击和决胜力量,但战争的胜负是由科学技术、武器装备、军事理论和人等多种因素共同作用决定的(尤其是任何时候人都是决定因素)。今天,现代战场,陆海空天电磁联成一体,形成网络化,任何一种武器,任何一个军兵种,都不可能单独取胜,只有各军兵种密切配合,各种武器装备功能充分发挥,扬长避短,高下相倾,形成整体效应,才会生成最大战斗力。

因此,我们这里谈导弹制胜,绝不能陷入唯武器制胜论的误区,任何战争的胜利,都是综合因素共同作用的结果,绝不能过分夸大导弹武器的作用。现代战争是一体化的联合作战,参战各军兵种都要发挥自身火力作用,再加上导弹武器作战尽管效果比较好,但是由于其价格昂贵,也不是可以随意使用、连续使用的武器。还有导弹作战对抗环境的制约、突防技术的发展等,都制约着导弹作战效能的高低、决定着导弹不能够单打独斗、不能单靠导弹包打天下。因此,我们说导弹在现代战争中可能成为主战、主力,但绝不是战争的主导和主宰。不会主宰战争的胜负。这点,我们应有一个清醒的认识。

第二节　导弹战的原则

如前文所述,导弹用于现代战争,是达成战争目的的重要手段。但是,导弹武器在战争中的具体运用,又受装备技术水平、军队的作战思想、不同国家不同时期军事战略方针等因素的影响和制约,因而其制胜原则也不尽相同。例如,美军常规战术导弹,归属于陆军的编成,参考陆军的战术运用原则,美军提出了主动、灵敏、纵深、协调四大战术导弹运用原则;俄军导弹部队受传统的大纵深理论的影响,提出了攻敌纵深、快速突然、集中统一的制胜原则。虽然美、俄等国对导弹如何制胜提出了各自的看法与理论,但纵观美、俄导弹作战理论和实战战例以及在历次演习中的运用,我们可以将导弹制胜原则作如下归纳。

一、精选战机,最大限度发挥导弹武器作战效能

应当看到,现代战争战场呈现大纵深立体化的特点,发挥远程火力的打击优势,已经成为对抗双方首先考虑的问题。无论地面作战还是空中、海上作战将更加依靠火力,特别是远程火力。俄军认为,火力突击是夺取主动权与形成对敌优势的主要手段之一。美军认为,火力是作战制胜的关键,运用火力可以有效节省兵力,战时的火力机动有时比兵力机动来得更直接、更有效,因而更强调集中火力而不是集中兵力来达成作战目的。纵观世界各国军队装备的空基、海基、还是陆基发射的各种类型导弹,总体来说,与传统的火炮相比,导弹火力控制范围、突防能力、打击强度、命中精度等方面,都普遍优于传统的火炮,因此,导弹是攻击敌方纵深内的各种目标关键武器系统之一。

那么,如何选择导弹攻击的时机呢? 从近几场局部战争中导弹的实战运用可以看到,导弹攻击目标的时机一般选择战争初期、战争僵持时期。例如,美国已把巡航导弹作一种首选武器来使用,每次行动都使用巡航导弹打头阵,首先对敌防空系统、指控中心、机场、仓库等目标进行打击。再如,在1991年海湾战争中,就是以导弹战的形式拉开序幕的。在整个交战中,具有各种作用和型号的导弹武器,仅公开亮相的就达30多种。美国首先运用了BGM—109C战斧巡航导弹对伊拉克境内的指挥中心、防空设施、C^3I系统、首脑机关等重要目标进行了首轮打击。仅1月16日开战第一天,美军就发射了106枚导弹,摧毁了巴格达周围严密设防的目标,瘫痪了伊拉克防空力量和通信指挥控制机构能力,为陆、空军进攻扫清障碍。2003年3月20日爆发的伊拉克战争,在第一阶段的斩首行动中,美军就通过各种发射平台,向伊拉克发射了72枚导弹,空袭了包括萨达姆在内的伊拉克军政要员在巴格达的住地,重创了伊拉克维系战争运转的指挥体系。1998年,在北约对南联盟的空袭行动中,在首轮空袭中就运用了停泊在亚得里亚海域的美军舰上的巡航导弹,对南境内的纵深目标进行打击。仅在第一阶段的空袭中,就发射了300余枚巡航导弹,对南的重要固定战略目标造成极大破坏。第二次世界大战后期,希特勒德国为挽救战场业已形成的败局,于1944年6~9月,将其刚研制出的上万枚V—1,V—2导弹推上欧洲战场,袭击了英国的首都伦敦及北部的其他重要城市。尽管没有最终挽回败局,但确实产生了很强的震慑效果。20世纪80年代初的两伊战争中,双方地面部队僵持不已期间,为破坏对方的战争潜力,引起对方国内军民的心理恐慌,改变持久而决不出胜负的战局,伊朗率先发起导弹袭城战,在短时间内竟然一度得手。而后,伊拉克采用同样的作战理论,对伊朗纵深目标进行导弹攻击,使其失去的战争优势又逐步夺回。在这场持续50多天(1988年2月29日至4月21日)的导弹袭城战中,双方你来我往,相互进行导弹突击。伊拉克对伊朗共发射了以"蛙"式和"飞毛腿"式地地导弹为主的189枚导弹,成功地袭击了伊朗的40座城市,炸毁了数千幢房屋和建筑物,炸死炸伤伊朗军民近万人。而伊朗方面也对伊拉克发射了百余枚导弹,攻击了以巴格达为中心的20多座城市,炸死炸伤伊拉克军民数千人。这次导弹袭城战,无论从规模、数量还是时间上,都远远超过第二次世界大战以来任何一次导弹战的规模,给两伊双方在心理、经济和军事上都带来了难以承受的压力和损失,同时也成为结束战争的催化剂,迫使双方通过谈判解决战争问题。

二、集中控制，合理运用强大的导弹力量

导弹作战对战争战役全局的影响意义重大。同时，导弹作战又是诸多内外要素相互配合、相互协调的统一体，针对现代战争作战力量多元、作战空间多维、作战行动多样、作战情况多变的特点，要求遂行导弹作战任务时，必须树立系统、体系的观念，对各作战单元、各种兵器、各作战平台、各种作战支持、各种作战保障要素进行集中指挥、全面调控。具体而言，对导弹作战的全过程要建立一体化的作战指挥控制机构，明确指挥职责，理顺指挥关系；采取正确的指挥调控方法，确定统一的作战目标和作战计划、加强作战指挥全过程的整体协调。例如，俄军认为，为顺利地指挥导弹的作战行动。必须组织可靠的导弹突击与火力毁伤计划，善于建立科学的火力部署，合理地编组战斗队形，具有持久的、高度的战斗机动性，及时实施战斗的全面保障措施，保持及及时恢复战斗力，实施不间断的、目的明确的政治工作，全面加强并运用精神政治和心理因素等。同时，俄军在强调集中指挥的前提下，还要求上级必须为下级提供在完成预定任务时发挥主动精神的机会。协调是导弹作战的又一大特征。卓有成效的协调所带来的成果就是最大限度地使用每一项资源，对胜利作出最大的贡献。再如，美军导弹部队的协调主要有两个方面：一方面是火力的协调攻击。美军认为，各种常规弹头，单独使用哪一种，都不可能解决全部问题。因此，强调在使用时，必须各种常规弹头密切配合使用，才能达到目的。另一方面是指挥员和部队之间的协调。部队各级指挥官和士兵对上级的作战意图要了解清楚并坚决执行，从而使整个部队形成整体攻击和反攻击的力量。

由此可以看出，美、俄等国十分注意导弹的作战指挥问题，普遍认为导弹在现代战场具有举足轻重的威慑和实战作用，其作战指挥应相对统一集中。例如，对于执行战区火力支援任务的导弹部队，指挥权在战区司令部（局部战争中，在特殊情况下指挥权在国家最高指挥官手中）；对于执行战区某方面火力支援或纵深打击任务的导弹部队，其指挥权在某方面联合司令部。一般说来，导弹部（分）队指挥权都在集团军或重型师以上指挥员手里。这样就保证导弹部队的强大火力能在关键方向关键时刻发挥作用。再如，1991年海湾战争中，所有常规导弹的指挥权均控制在多国联合司令部施瓦茨科普夫司令之手，由他根据战局的变化和需要发出进行导弹攻击的命令。从而有效地发挥了导弹的强大攻击力量，压制了伊军反抗能力和"飞毛腿"导弹发射能力。

三、严密防护，提高导弹部队的生存能力

现代战争中，随着军事科技的不断进步，导弹部队的作战环境十分恶劣，将面临来自多方面的威胁。

（一）航空航天侦察监视的威胁

随着军事科技的发展，现代战争中战场火力打击的实时性、精确性、毁灭性已经发展到较高的水平，在这样的情况下，发现即意味着被消灭，所以各国均将侦察监视作为高技术领域研究的重点方向，它也成为现代战争决定战争胜负的重要因素。第四次中东战争期间阿拉伯国家大兵压境，以色列危在旦夕，这时美国提供的一条重要情报挽救了以色列。美国军用卫星侦察到西奈半岛上埃及两个进攻的装甲师之间有一个5 km宽的空白地带，以军断然出击，从这条走廊穿插至埃军背后，直捣埃及首都开罗，结束了战争，成为战争史上运用高科技情报侦察反败为胜的著名战例，而在2003年的伊拉克战争中美军仅在太空就出动了包括KH—2、"长

曲棍球"、由"国防支持计划"(DSP)卫星组成的卫星预警系统、由"大酒瓶""折叠椅"等多颗电子侦察卫星组成的电子侦察系统等 100 多颗军用民用卫星,还动用了"捕食者""掠夺者""先锋""全球鹰"无人机,使战场前所未有的透明在美军面前,极度地打破了战场平衡,给人们展现了一种全新的战争形态。

(二)精确制导武器的打击的威胁

精确制导武器主要包括精确制导炸弹和精确制导导弹。20 世纪 70 年代初期,美国首次在越南战场使用激光和电视制导炸弹,由于它们能自己"寻找"和攻击目标,具有极高的命中精度,当时人们曾称它为"灵巧炸弹"。在 1973 年第四次中东战争中,埃及和以色列大量使用苏联和美国生产的各种导弹,取得了前所未有的战场效果。随后,在 1974 年美国政府的正式档案中第一次出现"精确制导武器"这一名词。精确制导武器在战争中使用的比例得到了快速提升,以美国为首的盟军使用精确制导武器的比例在海湾战争中占 8%,在科索沃战争中占 35%,在阿富汗战争中占 60%,而在 2003 年的伊拉克战争中竟高达 90%左右。精确制导武器装备的拥有程度和运用能力已经成为衡量一个国家军事现代化的重要标志之一。

除此之外,导弹作战还将受到敌特种分队侦察、电磁环境干扰等诸多威胁。上述情况表明,导弹部队必将要在多种侦察监视方式和多种具有强大毁伤威力的新型武器威胁下遂行作战任务。再加上导弹武器系统本身系统相对庞大,目标暴露特征明显等因素,战时受威胁程度将大大增强。因此,导弹部队必须做好全面防护工作。充分运用技术和战术防护手段,使导弹部队具备防侦察监视、防雷达探测、防电磁干扰、防特种袭击、防精确打击的能力,从而提高导弹部队在现代战争中的生存能力。

四、适时机动,提高导弹部队的快速反应能力

在高度对抗、高度透明的现代战场上,导弹部队必须提高快速反应能力,掌握作战主动权。重视导弹部队机动问题,是导弹攻防制胜的关键。解决好导弹机动问题,首先要解决好导弹武器系统的可移动性、火力机动两个方面的问题。导弹武器系统的可移动性,即利用各种交通工具实现导弹打击系统装备机动的能力。实现可移动性,在导弹武器系统设计研发之初,就要严格控制导弹武器系统的装备数量和装备体积,从而提高战时导弹武器装备系统的可移动性能。火力机动是指导弹武器系统能够满足对不同方向、不同距离、不同种类的目标打击需求,能够在较短的时间内改变导弹射击的射程和射向,实现适时、适地、快速地对重新选择后的目标实施有效攻击。为解决好这两个问题,世界导弹大国,都在努力从提升战术、技术指标入手,不断发展符合要求的新装备和新战法。从技术上,发展了快速测试技术、无依托发射技术、快速定向定位技术、水平瞄准技术等;从战术上,探索了伴动机动、分散机动、乘隙机动、中继机动等手段。这些都为战时机动的实施创造了有利条件。例如,为提高装备的可移动性,从第二代导弹武器开始,美军就通过减少地面装备,提高装备集成化、通用化、小型化来达成战场机动效果。美军"潘兴Ⅱ"导弹和"长矛"导弹就可以通过大型军用运输机、运输舰船和运输拖车实现导弹武器系统的空中、水上和公路机动。为解决火力机动问题,美军采用了导弹模块设计,使导弹具有一弹多用、一弹多头,弹头通用的功能。并且美、俄等国在第三代常规导弹武器系统中实现了快速定向定位,能够使导弹在任何位置的"零基础"场地实施发射。再如,俄军的 SS—21 导弹和美军的"陆军战术导弹系统"都具有这种机动发射能力。

五、密切协同,发挥联合作战的整体力量

现代战争中的导弹作战,是在诸军兵种相互协同状态下的联合作战,以便充分发挥整体作战能力。作为联合作战重要的火力突击武器,尤其是中远程导弹,必须要与其他军兵种力量各项突击行动保持协调一致,必须严密组织各种打击行动的协同,确保发挥各种打击力量的最大效能。例如,巡航导弹突击与空军航空兵协同突击是现代局部战争中广泛使用的突击方式。如前所述,无论是海湾战争,还是伊拉克战争,美军都率先由巡航导弹拉开军事打击的序幕,然后采取航空兵突击的方式对敌进行打击。有效组织巡航导弹于航空兵的协同,就要结合巡航导弹自身技术性能,在打击时间、打击顺序、打击目标选择、打击方向等方面进行组织。再如,按照打击时间和顺序协同时,考虑巡航导弹飞行高度低、射程远、不易被发现的特点,因此在空袭之初和敌方防空系统较为严密的情况下,通常先于航空兵发起攻击,这样就可以减少己方人员伤亡并可达成攻击行动的突然性。又如,在"沙漠之狐"空袭行动中,美海军"迈阿密"号核潜艇发射的首枚战斧巡航导弹直扑伊拉克,半小时后,航母舰载战斗机才升空投入空袭行动。1999 年的科索沃战争中,北约多国部队对南联盟实施了长达 78 天的空袭,首轮空袭中就大量使用了巡航导弹,仅在 3 月 24 日夜间,北约部队就使用了 100 多枚巡航导弹。按照打击目标协同时,应当合理区分巡航导弹和航空兵的打击目标,力求同时突击敌方的不同目标。按照打击方向协同时,应当根据目标设防情况,合理区分巡航导弹和航空兵的打击方向,海湾战争中,美军就分别从红海、亚得里亚海实施巡航导弹攻击,而航空兵的突击行动主要从沙特方向发起。上述协同的内容,本质上是如何进行火力协同的问题。

另外,导弹作战的协同,除了重要的火力协同外,从完备作战体系结构的角度看,还有情报协同——有效利用上级的情报报知网络,获取敌情、己情及战场态势情况;防卫协同——防卫空间需求,己方作战区域内的防卫力量的编成与部署;信息作战协同——己方作战区域内电子防护、电子对抗行动的力量编成与部署;通信协同——己方作战区域内可以利用的通信平台和资源;指挥协同——作战指挥之间的相互关系,可以采取的指挥方式和可以利用的指挥手段;保障协同——己方作战区域内的保障力量的编成与部署等。以上可以看出,导弹作战协同具有多样性和复杂性的重要特征。因此,有效达成导弹突击制胜的效果,要求在组织导弹作战协同时,要主动,不要被动,要积极建立协同的基础,努力创造协同的条件,从而形成整体联动的协同机制。对于导弹部队而言,无论是计划协同还是行动协同,目标协同还是任务协同,内部协同还是外部协同,都应按照准确、不间断的要求,严密组织。平时根据作战任务,制订周密的协同方案,明确协同关系、协同内容、协同方法、协同时机和协同要求,并进行必要的协同训练;战前,视情况变化,修订和完善协同方案和计划;战时,要严格计划,周密协同,确保参战各方形成一个有机整体。

六、全面保障,发挥导弹部队战斗力

导弹作战的保障,是指能有效地运用各种保障手段,从作战、后勤、装备等诸方面确保作战所需要的各项专业勤务。它是有效打击敌人、保持提高部队战斗力的重要条件和必要前提。导弹的作战保障又可细分为情报侦察保障、通信保障、电子对抗、测地保障、气象保障、防空保障、工程保障、伪装保障、核生化武器防护保障、后勤保障、装备保障等大类。

现代战争中,保障呈现出内容复杂、任务繁重、手段多样的特点,同时对保障的准确性和及

时性也提出了很高的要求。根据有关资料统计,每消灭一个士兵所消耗的保障资金,在第一次世界大战时为 2 万美元,第二次世界大战时为 20 万美元,第四次中东战争时为 100 万美元,英阿马岛战争时为 170 万美元,海湾战争总耗资为 860 亿美元。因此,保障在现代战争中的地位日渐突出。在一定程度上,现代战争就是打后勤、打装备,保障能力的大小已成为制约作战能力的一个重要因素。几次现代局部战争表明,保障工作是进行各项作战活动的基础,尤其是对技术含量较高的导弹部队,其保障工作好坏,对其完成作战任务影响极大。因此,各国都十分重视导弹部队的作战保障建设,并把如何进行导弹部队作战保障作为一个重要课题来研究解决。

随着科学技术的迅猛发展,及其在军事上的普及应用,现代战争日益向着高技术化方向发展。这种高技术化战争的特点不仅表现为武器装备不断更新换代,技术集成度更高,同时表现为战争双方的对抗,已由单一兵器的对抗向着军事力量系统化对抗的方向发展。战争态势在很大程度上主要取决于敌对双方武器系统对抗的强弱或优劣。大量的战例说明,在实战中决不能因为拥有某种优势兵器,而忽视进攻力量与防御力量的等量配置,忽视作战力量与支援保障力量的合理部署,忽视高技术兵器与指挥、控制、通信、情报系统的有机结合。导弹部队在现代战争中的作战使用也存在此类问题。美军和俄军都认为要发挥导弹的作战效能,首先必须从战场全局考虑,针对敌人或潜在敌手的作战特点及兵力部署,合理配备火力以及导弹部队所必要的情报侦察、通信、测地、气象、防空、电子对抗、工程保障以及安全防护等力量,加强装备技术保障和后勤保障的力度和有效性,这样才能保障导弹部队遂行火力支援和纵深打击任务。

导弹武器是现代科学技术高度综合的结晶,具有性能好、结构复杂、使用难度大、保障要求高等特点。目前,世界军事强国尤其是美俄,通过其自身的作战使用实践认识到,要使导弹武器系统完成预定作战任务,必须组织各专业分队密切协作,精心保障。因此,在其作战理论中,十分强调做好作战保障、装备技术保障和后勤保障等项工作,并明确规定了各自的职责和任务。导弹发射是一项系统工程,完成导弹发射任务,离不开导弹,更离不开地面测试、发控、瞄准、测地、运载、维修、指挥通信、情报侦察、装备与物资供应、工程与环境及阵地等设备和设施,离不开技术精湛、操作熟练的各方面专业人员。因此只有组织好导弹部队各保障分队保障工作,使导弹武器系统充分运转起来,才能有效提高部队战斗力。

第三节　导弹战的条件

有效发挥导弹武器的作战效能,必须从导弹武器技战术性能出发,解决导弹武器本身能力问题;从导弹武器系统作战体系要素出发,解决导弹作战战场感知、火力打击、指挥控制、生存防护、信息对抗和综合保障等作战体系结构建设问题。当前,结合导弹制胜的具体能力需求,应着重考虑如下问题。

一、精确打击的能力

导弹武器精度越高,毁伤同一目标的耗弹量就越少,打击效果就会越好,费效比也就越高,同时还可最大限度地避免对核电站、居民区、学校等重大敏感性目标和一般平民的毁伤,避免增加普通民众对我的敌对心理,减少国际舆论压力。因此,精确打击能力是衡量导弹作战效能高低的重要指标。精确打击的指标是打击兵器直接命中目标的概率达到 50% 以上(或精确制导武器指直接毁伤目标概率大于或等于 50％）。目前，国际上普遍认为命中精度（CEP）在 30 m 以内才能称得上是精确打击。目前，为提高导弹武器的精确打击能力，各国普遍采用复合制导的控制体制，如，弹道导弹采用惯性制导、卫星制导、陆基导航的模式；巡航导弹普遍采用惯性制导、卫星制导、地形匹配、景象匹配的模式，有效解决了单纯的惯性制导下的打击精度不高的问题。但是，组合制导也存在本身技术性、对外界环境依赖性强，战时可能受到严重制约的因素，这就需要对导弹进行全程防控，确保打击精度。

二、突防能力

导弹突防能力，可以简单地定义为导弹突破敌方反导防御系统的能力。一般用导弹的突防概率表示。提高常规导弹的突防能力，可以从战术和技术两个方面加以考虑。技术上通常分为反识别技术和反拦截技术两大类，反识别技术包括隐身、电磁干扰技术、诱饵弹头等，反拦截技术包括多弹头技术、机动变轨技术等。目前，世界先进军事强国，其导弹的突防技术水平（如隐身、雷达干扰、多弹头、机动变轨等）已经处于很高水平。

三、毁伤能力

毁伤能力是指单枚导弹或多枚导弹对目标造成的破坏或杀伤程度。毁伤能力指标是用以度量毁伤效果大小的尺度。导弹打击的最基本任务是给敌方造成毁伤，因此毁伤效果指标是导弹作战运用中的重要指标，是衡量在给定条件下能否完成作战任务的重要依据。在实际运用中必须根据作战意图、作战要求、武器型号和打击的目标类型具体分析，选择合适的毁伤效果指标。毁伤效果指标主要有平均命中弹数、毁伤概率、平均相对毁伤概率、至少相对毁伤概率、可靠毁伤概率等。

现代战争的主要样式是联合作战，导弹部队不但要与其他军兵种的远程突击兵器实施联合火力打击，还要协同夺取制空权、制海权和制信息权，并参加预先火力准备、支援陆上作战，需要对敌地面、地下、水面、空中众多的不同类型的目标实施打击，因此，导弹和弹头必须具备多种类型，以满足对不同目标的打击需要。为了提高对各类目标的毁伤能力，发展打击活动目标、地下目标、能克服现行导弹射击"盲区"的新型导弹；加快发展多种类战斗部，如钻地弹头，末敏、末修子母弹头，长延时弹头，碳纤维弹头，反辐射弹头等，是未来导弹武器毁伤能力提高的基本途径。

四、预警能力

预警能力即战场感知能力。要形成较强的预警能力，必须建立以传感探测技术为基础，以通信技术为纽带，为导弹部队作战行动提供战场信息和目标情报的战场感知系统。战场感知系统在空间分布上应该是立体网络状的，天上有预警卫星、侦察卫星、通信卫星和中继卫星，空中有预警机、无人侦察机和中继无人机，地面有导弹预警雷达、空间目标观测站和数据处理中心等。这个立体网络应具备信息获取、传输和处理功能，能达到平时对敌情威胁和打击目标进行侦察和监视，战时能为导弹作战提供预警信息，对目标进行侦察和监视，对打击效果进行实时侦察的目的。

预警能力是导弹作战的前提，在导弹作战体系中占有极其重要的地位，对保持和提升导弹的作战效能非常重要。充分有效的预警，一是可以尽早地发现并监视敌方来袭的目标，并采取规避或快速发射战术,保证导弹武器在遭袭前撤离敌打击目标区或实施发射,而不会被摧毁。二是在遭袭敌方打击后,可以根据侦察数据判定来袭兵器的具体位置,为我们有效组织反击提供目标。发展导弹作战预警系统装备,建立完善的预警系统和预警信息通报机制,具备预警探测能力,已成为各国追求的目标。

五、防卫能力

防卫能力是指防护和抗击敌方来袭兵器对参战武器装备、人员、阵地的打击能力。针对作战任务的特点和性质,通常采取警戒、伪装、部署防护力量、实施防御作战行动的形式展开。要顺利实施和圆满完成导弹部队的作战使命,就必须要搞好安全防卫,以提高导弹武器系统自身的生存能力。

未来反作战,导弹武器库、导弹测试库、导弹阵地、导弹装备保障等重要设施必将是敌重点打击目标,面临严重打击的威胁。

(1)未来导弹作战,将面临着多平台、多频谱、高精度的侦察监视体系的环境,导弹作战战场对敌方基本上属于透明。加上敌方可能使用高精度作战武器的对导弹部队实施精确打击,将严重地削弱导弹打击能力。

(2)就目前导弹武器而言,由于受诸多的技术条件限制,抗电磁毁伤能力普遍较弱。

(3)导弹武器装备大部分是大批量、集中存放,导弹测试库、储存库一旦暴露,遭袭后将会造成一损俱损的严重局面。

因此,要求导弹武器装备,特别是导弹武器库、技术阵地、发射阵地等,必须具有较强的防卫能力。

六、机动能力

机动是为夺取和保持主动或形成有利态势而组织的□速转移兵力、兵器或转移火力的行动。北约军队认为,机动是将舰船、飞机配置于比敌人□有利的位置上;美军则将机动直接定义为部队在作战区内的运动。不管怎样,机动能力是指导弹武器系统在作战中为完成火力任务对控制信息和周围环境改变等的反应能力,亦可说成是武器系统在完成各种不同规模任务时对情况发生变化的适应能力。现代战争条件下,机动能力的高低,直接关系到导弹武器系统的生存能力。随着现代高精度精确制武器的命中精度越来越高,现代侦测手段的日趋完善,对导弹武器系统的生存构成了严重威胁。

导弹机动能力加强,能提高导弹武器系统的生存能力。在海湾战争中就得到了很好的证明。从近几场局部战争来看,精确打击主要还是针对相对固定的目标,打击活动目标还存在很大的难度,因此,提高导弹武器装备的机动能力就成为各国提高导弹武器装备生存能力的一个重要措施,以机动求生存也就成为目前世界上导弹发展的一个普遍趋势。目前,由于受地理分布条件、作战方式选择、作战阵地部署、机动保障能力的限制,导弹作战在机动方式、机动速度、机动路线的可选择性上,还需要进一步改进和提高。

七、反应能力

这里的反应能力指的是导弹作战的快速反应能力。导弹的快速反应能力涉及诸多方面的因素,它是导弹部队装备优劣和战术行动水平的高低等因素融为一体的综合能力。通常表现为导弹部队接到发射命令，开始拟订作战计划到导弹发射完毕撤出阵地所需时间的度量。导弹快速反应能力受部队训练状况、综合保障能力、作战运筹水平等综合因素的制约。

快速反应能力是导弹武器装备作战能力和生存能力的重要体现。现代战争中，战场态势变化急剧，作战进程快，反应时间短，要求武器装备必须具有很强的快速反应能力，真正实现"作战指挥快、导弹测试快、转载机动快、导弹发射快、撤离阵地快"的快速反应目标。但就目前而言，导弹武器装备由于受到一些设计思路、技术条件、装备水平、综合保障能力等方面的限制，反应速度较慢，各国发展还相对不平衡。

八、指挥控制能力

指挥控制能力的实现是由指挥控制系统来完成的。指挥控制系统是导弹作战体系的"神经中枢"，是各级指挥员实施情况判断、作战决策与部队行动控制的依托。是由指挥控制主体、指挥控制对象、指挥控制手段等要素以一定组织形式构成的具有组织指挥控制功能的有机整体。提高指挥控制能力，应加速情报获取手段、信息传输网络、科学决策手段等指挥系统各要素的建设，逐步实现情报获取实时化、信息传输网络化、指挥决策科学化，使各级指挥机构、作战单元与武器系统能在广阔的战场空间共享信息，实时接收、传递、处理和掌握信息，提高指挥决策实效性。具体地讲，就是各级指挥所能为指挥员科学决策提供工作平台和手段，各种类型、各种级别的指挥所之间、指挥所与作战平台之间能够进行不间断的信息交换，确保具有高效的指挥控制能力。指挥控制能力，是指挥员及指挥机关运用指挥工具，为达到一定目的，综合使用各种力量和手段，指挥调动控制所属部队，实时对敌采取军事作战行动的能力。指挥控制系统在作战体系中占有十分重要的地位，是增强作战力量的重要途径。

目前，指挥控制能力除美俄少数几个军事强国较强以外，其他国家还普遍相对较弱。仍然是制约导弹作战能力提高的"瓶颈"。从世界范围看，无论是固定指挥控制、还是机动指挥控制，在综合信息处理能力上还相当薄弱，落后于现实和未来作战的需要。

九、保障能力

保障是军队为遂行各种任务而采取的各项保证性措施与进行的相应活动的统称，按任务分为作战保障、后勤保障、装备技术保障等。综合保障能力是导弹作战的重要基础。

一般来讲，目标、弹道诸元、测绘、气象、伪装、防化、工程、等是导弹作战保障的核心要素，经费保障、物资保障、卫勤保障、运输保障、营房保障和后勤技术装备保障是后勤保障的主要内容，装备保障则包括通用装备、专用装备和特种装备保障其范围覆盖导弹武器系统装备的储存、管理、供应、修理、抢救、运输等全过程。

当前，按"聚焦式"保障的要求，世界各国军队正努力建设一体化的、快速的综合保障系统。如美军对后勤信息系统进行了革命性的改进，对组织体制进行了革新，重新制定了运转程序，减少了层次和环节，并不断采用先进的运输技术，力求建成自动化补给网络系统，直接将所需物资和勤务及时准确地送到各战略、战役和战术单位，提高了后勤保障的精确性。其根本目的就是形成一个结构合理、功能衔接、整体配套的综合保障体系，提高导弹作战的保障能力。

参 考 文 献

[1] 刘新华.作战辅助决策与军事系统工程[M].北京:海潮出版社,2007.

[2] 张秦洞.作战力量建设概论[M].北京:军事科学出版社,2010.

[3] 卢康俊,杨世松.信息制胜论[M].北京:军事科学出版社,2007.

[4] 姚有志.战争战略论[M].北京:解放军出版社,2005.

[5] 沙吉昌,毛赤龙,陈超.战争设计工程[M].北京:科学出版社,2009.

[6] 周晓宇,彭希文,安卫平.联合作战新论[M].北京:国防大学出版社,2000.

[7] 国防大学战略研究所.国际战略形势分析[M].北京:时事出版社,2010.

[8] 宁凌,张怀璧,于飞.战略威慑[M].北京:军事谊文出版社,2010.

[9] 宁凌,张怀璧,赵中其.震慑作用[M].北京:军事谊文出版社,2010.

[10] 孙儒凌.战场控制论[M].北京:国防大学出版社,1999.

[11] 国防大学课题组.联合作战导论[M].北京:解放军出版社,2010.

[12] 贺善侃.辩证逻辑与现代思维[M].上海:东华大学出版社,2010.

[13] 刘一建.制海权与海军战略[M].北京:国防大学出版社,2000.

[14] 贾长福.第二炮兵军事学[M].北京:军事科学出版社,2005.

[15] 朱晖.战略空军论[M].北京:蓝天出版社,2009.

[16] 董文先.现代空军论[M].北京:蓝天出版社,2005.

[17] 张召忠.打赢信息化战争[M].北京:世界知识出版社,2004.

[18] 刘彦军,万水献,李大光,等.论制天权[M].北京:国防大学出版社,2003.

[19] 叶信产,陈胜武.国际战略与国家安全战略[M].北京:军事谊文出版社,2006.

[20] 汪民乐,李勇.弹道导弹突防效能分析[M].北京:国防工业出版社,2010.

[21] 刘石泉.弹道导弹突防技术导论[M].北京:中国宇航出版社,2003.

[22] 韩卫国.信息化主战武器装备[M].北京:解放军出版社,2007.

[23] 高桂清,等.导弹武器系统概论[M].北京:国防大学出版社,2010.

[24] 总装备部电子信息基础部.导弹武器与航天器装备[M].北京:中国原子能出版社,2003.

[25] 宋华文,耿艳栋.信息化武器装备及其运用[M].北京:国防工业出版社,2010.

[26] 《空军装备系列丛书》编审委员会.现代空军装备概论[M].北京:航空工业出版社,2010.

[27] 姜浩,罗浮.专家讲述反舰导弹未来发展动态[J].兵工科技,2010(14):9-16.

[28] 周伟.外军对地攻击导弹发展途径分析[J].现代军事,2010(11):40-47.

[29] 《兵器》杂志编委会.战区战场的拳头火力——陆军战术弹道导弹[J].兵器,2011(增刊):44-83.

[30] 傅前哨.箭弹无间道[M].北京:解放军出版社,2011.

[31] 乔治·威尔斯.星球大战[M].北京:华夏出版社,2009.

[32] 徐岩,李得.美国导弹防御系统——TMD和NMD[M].北京:解放军出版社,2001.

[33] 周义.俄罗斯反弹道导弹预警系统[J].现代军事,2002(2):27-28.

[34] 陆伟宁.弹道导弹攻防对抗技术[M].北京:中国宇航出版社,2007.

[35] 刘兴良,刘飞虹.太空武器之最[M].北京:国防工业出版社,2003.

[36] 刘兴堂,刘力,于作水,等.信息化战争与高技术兵器[M].北京:国防工业出版社,2009.

[37] 关节福,张峰,凌勇.军苑大火爆——当代高技术局部战争精汇[M].北京:国防大学出版社,1993.

[38] 王辉,耿海军.谈"沙漠之狐"行动武器运用特点[J].高科技与军事,2002:9.

[39] 李跃.夜间是未来空袭作战最佳战机[J].学术研究,2006:11.

[40] 刘明涛,等.高技术战争中的导弹战[M].北京:国防大学出版社,1993.

[41] 赵锡君.慑战——导弹威慑纵横谈[M].北京:国防大学出版社,2003.